数码摄影
实战技法教程

●●● 数码创意 编著

U0264614

中国旅游出版社

内容简介

摄影对于每个人来说都是一种美好的事物，都有着想一探摄影领域究竟的冲动，而你面前的这本书则可以有效地帮助你登入摄影的殿堂。本书以浅显的基础理论作为铺垫，以深层次的技术理论作为阶梯，而以高层次的实战技法作为最终的目标，让初学摄影的学员能以最快的速度掌握并了解数码摄影的方方面面。

本书内容丰富、图文并茂、结构清晰、讲解细致，既有专业的技术理论，又有实用的拍摄技巧，让读者在欣赏摄影作品的同时，对摄影知识和技巧拥有专业的认知与了解，非常适合初学摄影的读者阅读。

责任编辑： 龚威健　董昱

责任印制： 冯冬青

图书在版编目(CIP)数据

数码摄影实战技法教程/数码创意编著. —— 北京　：
中国旅游出版社，2013.1
ISBN 978-7-5032-4665-4

Ⅰ．①数… Ⅱ．①数… Ⅲ．①数字照相机－摄影技术
－教材　Ⅳ．①TB86②J41

中国版本图书馆CIP数据核字(2012)第314982号

书　　名：数码摄影实战技法教程

作　　者：数码创意

出版发行：中国旅游出版社

（北京建国门内大街甲9号　邮编：100005）

http://www.ctup.net.cn　　　E-mail：gwj8431@sina.com

发行部电话：010-85166527　85166715

装帧设计：北京数码创意广告有限公司

印　　刷：北京顺诚彩色印刷有限公司

版　　次：2013年1月第1版

　　　　　2013年1月第1次印刷

开　　本：787mm×1092mm　　　1/16

印　　张：10

印　　数：1-5000册

字　　数：80千字

定　　价：45.00元

ＩＳＢＮ　978-7-5032-4665-4

前言
Preface

目录 CONTENTS

第 1 章

了解你手中的相机

在开始进行实战摄影之前，首先我们要对摄影中需要使用到的相关器材，例如相机以及相关配件进行一定的了解和学习，这样才有利于我们进行摄影实战工作，也会对我们的摄影学习有很大的帮助，接下来我们就来了解一下摄影中常用到的相机以及相关配件。

数码相机的构造

① 数码相机的构造

相机构造

其实，要剖析数码相机的构造并不困难。数码相机一般都分为四部分，即镜头、CCD器件、处理模块和储存模块。

Canon EOS-1D Mark III 相机内部构造剖析图

下面，就让我们一起看看这些数码相机的元件：

1.镜头(Lens)

顾名思义，数码相机跟其他相机产品一样，需要镜头去捕捉一刹那的影像。数码相机镜头也像我们平时使用的光学相机镜头一样，有定焦镜和变焦镜之分。不过，数码相机的镜头大多采用8毫米摄像机(V8)的焦距格式，所以玩家在购买和使用数码相机时，一定要了解其焦距相对于135传统相机实际焦距是多少，方可以作出适当的购买决定。另外，数码相机的镜头还多具备自动光圈控制和白平衡控制，使得数码相机的使用与传统相机比较接近。

各式各样的相机镜头

2.电荷耦合器件(CCD)

CCD是数码相机的灵魂。CCD的面积越大，解析度就越高。CCD的制作技术对数码相机发展有极大的影响。由于制作CCD需要很高的技术，所以到现在为止，CCD仍然是区分数码相机等级的主要标志。

在数码相机中，光敏元件取代了胶片，当快门按钮被按下时，图像（单个的RGB色彩和色调）由光敏元件上每一个传感单元所捕捉并形成数字影像。

3.影像的压缩和储存(Storage Device)

数码相机一般采用PCMCIA接口的存储卡来记录拍摄的影像。还会使用不同的压缩格式，立求在固定的存储器容量中储存更多照片。目前大多数的相机厂商都使用JPEG压缩技术，柯达公司比较独特的是采用申请专利的RADC压缩方式，它可使失真度降至最低。所以，在选购数码相机时，我们要知道相机拥有的CCD数量、处理格式和影像格式，还要注意相机本身的设计和图像的压缩比。只有这样，你的数码相机拍出来的效果才更好。

数码相机存储卡

数码相机的工作原理

从技术上来说，数码相机和使用胶卷或幻灯片的传统相机并没有什么共同点，它更类似于摄像机。

首先，让我们看看传统相机是如何工作的。简单地说，传统相机由镜头、光圈和快门组成。镜头是用来对焦的，而光圈和快门则控制有多少光线落在胶卷上。当按下快门的一瞬间，光线就通过镜头和光圈落在了感光元件上，随之产生的化学反应将图像记录在存储器上。

佳能50D相机剖析图

虽然数码相机的外观和传统相机差不多，而且也和传统相机一样有镜头、光圈和快门，但是它们拍摄图像的方式却大相径庭，数码相机不是使用感光胶卷，而是使用CCD芯片，以及相应的软件和存储设备来完成拍摄的。作为数码相机的核心部分，CCD芯片隐藏在光圈的后面。

CCD是一个由许多感光二极管组成的半导体元件，光线接触到感光二极管之后，CCD芯片便会向相机发出电子脉冲信号。然后相机的每个像素点发出的电子脉冲信号转化为数据，接着，相机的图像处理引擎（包含ASIC芯片和相关的软件程序）将数据经过计算后将图像优化，得到优化后的图像被传送至存储设备加以保存。这样就得到我们所拍摄的照片了。

单镜头反光照相机

单镜头反光照相机是照相机的一种。这种相机顾名思义就是一个镜头既供摄影使用又供反光取景调焦使用。这种照相机使光线通过镜头，到达反光玻璃上，再从反光玻璃上把景物反射到磨砂玻璃上显示出被拍摄景物，再经调焦使景物清晰。当按动快门时，反光玻璃先抬起，使光线射到后背的传感器上感光，这两个动作是联动的。

单镜头反光照相机的成像原理

在单反数码相机的工作系统中，光线通过镜头到达反光镜后，折射到上面的对焦屏并结成影像，通过接目镜和五棱镜，我们可以在观景窗中看到外面的景物。与此相对的，一般数码相机只能通过LCD屏或者电子取景器(EVF)看到所拍摄的影像。显然直接看到的影像比通过处理看到的影像更利于拍摄。

在用单反数码相机拍摄时，按下快门钮，反光镜便会往上弹起，感光元件(CCD或者CMOS)前面的快门幕帘同时打开，通过镜头的光线便投影到感光元件上感光，然后反光镜立即恢复原状，观景窗中再次可以看到影像。单镜头反光相机的这种构造，确定了它是完全通过镜头对焦拍摄的，它能使观景窗中所看到的影像和胶片上一样，它的取景范围和实际拍摄范围基本上一致，有利于直观地取景构图。

索尼α900

单镜头反光照相机的优点

它只有一个镜头，既用它摄影也用它取景，因此视差问题基本得到解决。取景时来自被摄物的光线经镜头聚焦，被斜置的反光镜反射到相机上聚焦成像，再经过顶部起脊的"屋脊棱镜"（注）反射，摄影者通过取景目镜就能观察景物，而且上下左右都与景物影像相同，因此取景、调焦都十分方便。摄影时，反光镜会立刻弹起来，镜头光圈自动收缩到预定的数值，快门开启使光线射到传感器上感光。曝光结束后快门关闭，反光镜和镜头光圈同时复位。

单镜头反光相机可以随意换用与其配套的各种广角、中焦距、远摄或变焦距镜头，也能根据需要在镜头前安装近摄镜、加接延伸接环或伸缩皮腔。总之，凡是能从取景器里看清楚的景物，照相机都能拍摄下来。

袖珍数码照相机

便携式数码相机也称卡片机。卡片数码相机因其小巧的外形而方便携带；在正式场合把它们放进西服口袋里也不会坠得外衣变形；女士们的小手包也不难找到空间挤下它们；在其他休闲场合把相机塞到牛仔裤口袋或者干脆挂在脖子上也是很时尚的。

虽然它们功能并不强大，但最基本的曝光补偿功能还是超薄数码相机的标准配置，再加上区域测光或点测光模式，这些小东西有时候还能够完成一些摄影创作。至少你对画面的曝光可以基本控制，再配合色彩、清晰度、对比度等选项，很多漂亮的照片也可以来自这些被"高手"们看不上的小东西。

索尼W560

袖珍数码相机的优点：时尚的外观、大尺寸液晶屏、小巧纤薄的机身，操作便捷。缺点：手动功能相对薄弱、超大的液晶显示屏耗电量较大、镜头性能较差，一般不能更换镜头。对焦、拍摄的速度相对较慢。

袖珍数码相机一般都是用潜藏式镜头，镜头小，光学变焦一般都只有3倍。袖珍数码相机一般只是使用液晶屏取景，而且液晶屏很大，大部分相机都没有光学取景器，液晶屏即是取景器。袖珍数码相机是为携带方便而设计，功能不强，一般都是自动曝光，手动功能模式的效果往往都不是很好。

三星ST96

卡西欧 Exilim ExH10

袖珍LOMO相机

　　"LOMO"的最初含义，是指20世纪50年代生产的一款特殊相机，镜头有点弯曲，可以不用闪光灯日夜兼拍，拍出来的照片色彩异常鲜艳。由于功能单一，很长时间，LOMO相机一直受到冷落。直到1991年维也纳的几位学生远赴布拉格，买下了当时已经停产的"LOMO"相机，拍出来的照片让他们惊喜异常，于是LOMO风行世界。也许那些背着LOMO相机随意拍摄的LOMO族，看中的不仅是色彩奇特的相片，更是那种自由随性的前卫生活态度。

　　现在LOMO是指拍摄时的一种态度，随意捕捉，想拍就拍。 不用在乎光圈、快门，不用追求角度、构图。 就算拍出来的照片曝光过度或模糊不清，只要能吸引眼球，就是一件成功的作品。

选购适合自己的相机

对于每一位摄影者来说，不管你是专业的，还是业余的，也无论是在室内拍摄人像、静物，还是在室外拍摄山水风光、花鸟鱼虫等，都希望自己所拍摄的照片获得最佳效果。那么最关键和最基本的工作内容就是怎样选购一台性能良好且适合自己的照相机。在实际拍摄中，不同相机的性能适合不同的拍摄主题，所以，在选购相机时应该明确地知道自己到底要拍摄什么。

对于想要拍摄记录一些生活照片的人们来说，袖珍数码相机是不错的选择。使用这样的相机拍摄既免去了相机操作上的烦琐步骤，也能够减轻携带的沉重负担，随时随地想拍就拍，令生活更加多姿多彩。但是，这种相机在成像画质方面就不及单反相机那么优秀了。不过仅仅就为了记录生活的点滴而言还是可以接受的。

尼康便携式数码相机

对于一些准专业级的摄影发烧友来说，在拍摄时一定要拥有一台专业级的数码单反相机。专业的数码单反相机能够根据摄影师的拍摄意愿随心操作，通过全手动的相机操作，拍摄出属于摄影师本人的大片。

佳能5D单反相机

而对于那些专业级别的摄影师来说，使用高端数码相机执行摄影作业是必需的。高端数码相机具有超高的成像质量及更加精准的曝光和色彩控制，另外，高端数码相机大多是全画幅相机，这样的专业级配置是所有摄影师梦寐以求的。

尼康D3单反相机

第 2 章

选择适合自己的镜头

 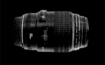  

在选购镜头之前，我们首先要考虑以下几个问题。我们究竟想要得到一张什么样的照片？摄影对我们来讲到底有多重要？我们的照片拍完后要用来做什么？有哪些镜头可用于我们的相机机身？以及最重要的预算问题。

镜头的种类

镜头的种类

因为拍摄的题材不同，所以镜头的种类比较多。大致可以分为标准镜头、广角镜头、长焦镜头、微距镜头等。

标准镜头

定义 指焦距长度接近或等于传感器对角线长度的镜头

焦段 45~55mm

用途 全身人像 风光摄影 街拍

优点 画面自然 画质优秀 小巧便捷

其他 定焦镜头更加锻炼镜头感

标准镜头是指焦距长度接近或等于传感器对角线长度的镜头。以全幅135单反相机来说，它的底片幅面为24mm×36mm，对角线的长度为50mm，所以，这类相机的"标头"焦距就是50mm。

标准镜头的焦段位于广角镜头和中长焦镜头的焦段之间。标准镜头的视角与人类肉眼视角相当，因此拍摄到的画面与肉眼看到的非常类似。广角镜头会夸大前后物体之间的距离，长焦镜头会压缩距离，而标准镜头则表现得比较"正常"。

当然，不同画幅的相机，标准镜头的焦距也有所不同，一般来说，120相机的"标头"焦距为75mm，4×5英寸座机为150mm。数码单反相机的传感器幅面因厂商的不同而有所不同，但只要计算出传感器的对角线长度，就可以得出标准镜头的焦距了。

尽管不同画幅的"标头"焦距不同，但它们的视角却是基本相同的，都接近人眼的正常视角。因此，在诸如取景范围、透视关系等方面，"标头"都与人眼观看的效果类似，显得特别亲切、自然。此外，"标头"的技术已经基本趋于完善，显著的特点是孔径大、成像质量出众、价格低廉等，是每个单反相机用户的必备镜头之一。标准镜头成像质量优于一般同档次的镜头，最大相对孔径较一般同档次的镜头大，如有的相机固定焦距的标准镜头的最大相对孔径达到了F1.0、F1.2、F1.4等，从而保证了在低照度的照明条件下有足够大的光圈。

在摄影创作中可以根据不同的创作意图，运用不同的手段，使用标准镜头拍摄出具有广角镜头或中长焦镜头的效果。当我们将照相镜头对着很近的被摄主体，使用大光圈拍摄特写或近景时，可以获得背景虚化，类似中长焦镜头的效果。当我们将标准镜头对着处于中景或全景的景物对焦，并使用小光圈拍摄，则可以使画面中的远近都很清晰，获得广角镜头的拍摄效果，标准镜头在摄影创作中具有不可低估的作用。

50mm镜头最接近人眼的视角，如果你想展示出拍摄对象的真实状态，那么这款镜头非常适合。
光圈：2.2 快门速度：1/2000s 曝光补偿-0.3EV
感光度：100 焦距：50mm

无论使用什么镜头，拍摄时，最好保留一定的距离。靠得太近的话会让被摄体出现令人不快的变形。
光圈：2.8 快门速度：1/1600s 曝光补偿-0.8EV
感光度：100 焦距：50mm

技巧提示

　　广角镜头拍摄的照片充满张力，能将观众"带入"画面，长焦镜头拍摄的照片令人感觉乏味一些。由于标准镜头没有这些效果，所以观众会直接被画面的内容所吸引。没有了广角与长焦镜头给画面赋予的光学效果，标准镜头让实物呈现出其原貌。

广角镜头

广角镜头

镜头特点

定义 指焦距短于、视角大于"标头"的镜头

焦段 12~35mm

用途 全身人像 风光摄影 街拍

优点 景深大 视角大 透视感强烈

其他 画面边缘易产生镜头变形

广角镜头指焦距短于、视角大于"标头"的镜头。以全幅135单反相机来说，焦距在30mm左右、视角在70°左右的镜头称为"广角镜头"，焦距小于22mm、视角大于90°的镜头称为"超广角镜头"。例如鱼眼镜头等。

广角镜头的显著特点是景深大，有利于获得被摄画面全部清晰的效果。这样的镜头被广泛地用于风光片的拍摄。广角镜头的另一特点就是视角大，它可以在有限的范围内获得较大的取景范围，在拍摄一些室内建筑时尤为见长，因此而被广泛地用于房地产行业的拍摄。广角镜头最重要的一个特点就是透视感强烈，它可以营造具有强烈视觉冲击感的画面。有优点就会有缺点，使用广角拍摄，会使画面产生畸变，尤其是在画面的边缘部分。但有时也可以利用这种畸变拍摄一些有趣的摄影题材。

对摄影者来说，拍摄之前首先应该考虑在什么场合使用什么镜头。例如，鱼眼镜头只在特殊情况下才使用。而使用一般的广角镜头，一定要事先考虑成熟，并从它的概念上加以理解，若想令照片具有更完美的创造性和想象力，而且能够提高你的照片质量，那么就使用广角镜头吧！

广角镜头的景深特别大，就是说，画面中的大部分物体都能拍摄清楚，这对我们在光线较暗的情况下拍摄照片十分有利。35mm广角镜头之所以特别受人青睐，是因为它所拍摄的照片变形较少，15mm或20mm超广角镜头，则有较明显的变形现象，因此不适合拍摄新闻照片。而在今天的新闻摄影报道中，记者们却喜欢使用广角镜头。因为在他们争先恐后地围住采访对象时，有时也只能用广角镜头。在不能接近被摄主体时，记者们常常高举相机，使用20mm或24mm镜头从头顶拍照，经过放大剪裁也可以得到有用的照片。使用广角镜头的边沿偷拍，也是一个不打扰被拍对象的好办法，因为至少在目前，许多人还认为只有面对镜头时才会被摄入照片中。

用广角镜头在头顶或脚跟的高度拍摄风光，能营造出身临其境的感觉和奇妙的贴近效果。只要稍微改变一下广角镜头的视点，画面上的主体就会完全改观。
光圈：4　快门速度：1/200s
曝光补偿-0EV　感光度：100　焦距：12mm

这幅精彩的照片拍摄于一家废旧工厂，由于使用了广角镜头，画面具有极强的视觉冲击力和美感。
光圈：2.8　快门速度：1/3200s
曝光补偿-0.7EV　感光度：100　焦距：28mm

技巧提示

使用广角镜头时，应注意避免它的短处。例如，由于广角镜头的视角很广，容易摄入并不想要的景物。而且，由于景物在取景器中被缩小了，拍摄时往往不易觉察。此外，使用这种镜头时，应尽量使自己靠近被摄体，否则，被摄体就会显得很小，浪费了画面空间。

长焦镜头

尼康70~200mm镜头

镜头特点

定义	比标准镜头的焦距长的摄影镜头
焦段	85mm以上焦距的镜头
用途	拍摄远距离被摄体
优点	焦距长，视角小
其他	缺点是不易携带，比较重

长焦距镜头是指比标准镜头的焦距长的摄影镜头。长焦距镜头分为普通远摄镜头和超远摄镜头两类。普通远摄镜头的焦距长度接近标准镜头，而超远摄镜头的焦距却远远大于标准镜头。以135照相机为例，其镜头焦距从85mm~300mm的摄影镜头为普通远摄镜头，300毫米以上的为超远摄镜头。

长焦镜头的焦距长，视角小，景物在底片上成像大。所以在同一距离上能拍出比标准镜头更大的影像，适合拍摄远处的对象。由于它的景深范围比标准镜头小，从而可以更有效地虚化背景，突出对焦主体，而且被摄主体与照相机一般相距比较远，在人像的透视方面出现的变形较小，拍出的人像更生动，因此人们常把长焦镜头称为人像镜头。但长焦镜头的镜筒较长，比较重，价格相对来说也比较贵，而且其景深比较小，在实际使用中较难对准焦点，因此常用于专业摄影。

使用长焦距镜头拍摄，一般应使用高感光度及快速快门，如使用200mm的长焦距镜头拍摄，其快门速度应在1/250s以上，以防止手持相机拍摄时照相机震动而造成的影像模糊。在一般情况下拍摄，为了保持照相机的稳定，最好将照相机固定在三脚架上，无三脚架固定时，尽量寻找依托物帮助稳定相机。

长焦镜头适用于拍摄远处景物的细部和拍摄不易接近的被摄体。长焦镜头能使处于杂乱环境中的被摄主体得到突出，但也给精确调焦带来了一定的困难。如果在拍摄时调焦稍微不精确，就会造成主体模糊。另外，这种镜头具有明显的压缩空间纵深距离和夸大后景的特点。

光圈：18　快门速度：1/60s　曝光补偿-0.3EV
感光度：100　焦距：200mm

技巧提示

长焦包含的信息没有广角那么大，各元素容易组织起来。长焦镜头拍出的画面有压缩感，很明显地夸大远景，压缩景深，远景和近景紧贴画面，少了广角镜头带来的那种纵深感，这样容易给人带来一种静寂的感觉，画面感很强。

使用长焦镜头拍摄人像能够达到人物突出背景虚幻的效果。

光圈：1.6　快门速度：1/3200s　曝光补偿-0EV
感光度：100　焦距：100mm

使用长焦镜头拍摄远距离的景物，使取景方式更为灵活。

光圈：11　快门速度：1/125s　曝光补偿-0.3EV
感光度：100　焦距：110mm

微距镜头

微距镜头是一种用于微距摄影的特殊镜头，主要用于拍摄一些十分细微的物体，如花卉及昆虫等。为了对距离极近的被摄物也能正确对焦，微距镜头通常被设计为能够拉伸得更长，使光学中心尽可能远离感光元件，同时在镜片组的设计上，注重近距离下的变形与色差等的控制。大多数微距镜头的焦长都大于标准镜头，可以归类为望远镜头，但是在光学设计上与一般的望远镜头不相同，因此，并非完全适用于一般的摄影。

微距镜头是可更换镜头中的一个比较特殊的类别，其最大的特点就是能够近距离对拍摄物体进行对焦。希望大家在实际拍摄时活用微距镜头，把花花草草等微观世界拍得绚丽。微距是一种可以非常接近被摄物体进行聚焦的镜头，微距镜头在胶片或传感器上所形成的影像大小与被摄物体自身的大小差不多相等。1∶1标记的微距镜头表示胶片上影像与被摄物体尺寸一样，1∶2的标记表示胶片上影像是被摄物体的一半，2∶1表示是被摄物体的2倍。因此特别适合拍摄昆虫、花卉、邮票、手表零件等题材。

微距镜头通常都是中等焦距的镜头，但它实际上可以是任何焦距的镜头。例如，既有50mm的微距镜头，也有180mm的微距镜头或者70~180mm的微距变焦镜头。对于目前佳能镜头库中的微距镜头来说，呼声最高的是100mm F2.8的这支，俗称百微。这款镜头是具备1倍放大率的中距离远摄微距镜头。适合远距离的实物大小近摄而不打扰主体（如昆虫等）。

微距摄影是区别于常规摄影的一种特殊的摄影方法，微距摄影是在近距离拍摄有关物体，并可以得到较大的放大倍率。微距摄影不但具有独特的魅力，而且还可以在科研、医学等方面发挥作用。由于微距摄影的特殊性，已经形成了一个独特的门类。微距镜头所拍摄的照片，多是人们用肉眼不常见到的景物，具有一定的新鲜感，并有较强的视觉冲击力。

微距镜头对于拍摄小物体颇具价值，它可以使金鱼的影像以1∶1的比率复制出来，这种方式只有微距镜头可以做到。微距镜头有非常浅的景深，当拍摄金鱼时，金鱼本身非常清晰而后面的鱼缸中的陈列变得虚化。这使得水族箱变得更加梦幻。

光圈：2.8 快门速度：1/25s 曝光补偿–0EV
感光度：640 焦距：100mm

在大倍率微距拍摄的情况下，镜头的有效光圈急剧缩小，相应的快门速度也急剧下降。完全依赖自然光来拍摄花朵，令画面清新而自然。

光圈：4 快门速度：1/60s 曝光补偿–0EV
感光度：200 焦距：70mm

📷 技巧提示

每款镜头上都标记有最近对焦距离，在普通摄影中，由于镜头长度和机身厚度与拍摄距离相比显得微不足道，所以可以忽略不计；但是在微距摄影中，镜头长度和机身厚度与拍摄距离就比较接近了，成为一个重要因素，此时，考虑最近对焦距离的意义已经不大，重要的是镜头前端工作距离。

镜头的品牌

目前市场上的镜头品牌有很多，例如佳能、尼康、索尼、奥林巴斯、美能达、宾得、适马、腾龙、卡尔蔡司等。根据个人的喜好以及拍摄目的的不同，深受广大摄影爱好者喜爱的镜头为佳能镜头、尼康镜头、索尼镜头等。这些镜头具有使用广泛、便利等特点。佳能、尼康、宾得等厂商的AF镜头不下数百款，加上手动镜头更是数不胜数，如何来区分这些镜头？首先从了解镜头标志的含义开始。

有些标志是所有镜头厂家通用的，譬如AF表示自动对焦、F表示光圈、Fisheye表示鱼眼镜头、mm表示焦距、Zoom表示变焦镜头等，但也有一些标志是一个或几个厂家特有的，所以这里对各个厂家的镜头标志作一个细致的介绍。

佳能镜头相关知识讲解：

EF-S：APS-C 画幅数码单反相机专用电子卡口。这是佳能专门为其 APS-C 画幅数码单反相机设计的电子镜头，它只能够应用在 APS-C 画幅的佳能数码单反相机上，其显著特点是在接口处有一个白色方形用于对准机身卡位。

IS：Image Stabilizer影像稳定器，即镜头防抖系统。

USM：Ultra Sonic MOTOr 超声波马达，它分环形超声波马达（Ring-USM）和微型超声波马达（Micro-USM）两种。目前USM超声波马达在佳能的镜头上得到了广泛的应用，即使是最低端的业余镜头也不例外。

佳能 EF-S 17-85mm f/4-5.6 IS USM 镜头

尼康镜头讲解：

AF-S：S即代表Silent Wave MOTOr静音马达，等同于佳能的超声波马达，可高精确和宁静地快速聚焦。不过，尼康目前的AF-S镜头数量远远不及佳能，总数只有20余款。

DC：Defocus-image Control 散焦影像控制，尼康公司独创的镜头，可提供与众不同的散焦影像控制功能，其最大特点在于允许对特定被摄体的背景或前景进行模糊控制，以便求得最佳的焦外成像。

尼康Ai AF-S Nikkor ED 300mm F4D(IF) 镜头

奥林巴斯／松下镜头讲解：

ASPH：非球面镜片。

D：莱卡为松下公司设计的数码专用镜头。

Zukio：奥林巴斯传统相机镜头，采用OM卡口，与4/3系统的数码单反相机卡口不通用，需要通过转接环才能使用。

Zukio Digital：Zukio镜头在数码时代的产物，进行了重新设计，更适合数码时代的要求。

Summilux：现今莱卡生产的镜头中，只要是光圈值为F1.4的镜头，便会取名为Summilux，例如：Leica D Summilux 25mm F1.4 ASPH。

奥林巴斯 ZUIKO DIGITAL ED 12-60mm f2.8-4.0 SWD 镜头

腾龙镜头讲解：

AD：Anomalous Dispersion 异常色散，拥有此标记的腾龙镜头，具备消除色散的功能。

DI：Digitally Lntegrated 数码镜头，进行了数码优化设计的数码传统通用镜头，既可以用在APS画幅的数码单反相机上，也可以使用在全画幅机型上。

DI II：腾龙专门为APS数码单反相机开发的小像场镜头，只能用在APS画幅的数码单反相机上。

腾龙 SP AF 70-200mm F/2.8 Di LD [IF] Macro (Model A001) 镜头

宾得镜头讲解：

A：A系列手动对焦镜头。

AF/MF：手动／自动对焦全程切换。

M：M系列手动对焦镜头。

美能达／索尼镜头讲解：

宾得DA 200mm F2.8 ED [IF] SDM 镜头

AD：Anomalous Dispertion异常色散，其用途是消除色散，与尼康ED类似。

APApochromatic采用复消色差设计和采用特殊低色散玻璃镜片，用于减少像差，从而提高长焦镜头像质，改善反差和提高清晰度。

ZA：卡尔蔡司是专为索尼设计的镜头，采用索尼α卡口，属于自动对焦镜头。

第 **3** 章

不可不知的相机基础操作

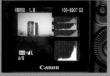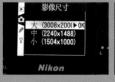

本章主要为大家介绍一些数码相机的基本操作技巧，例如，对于首次使用相机的设置，常用选项设置，感光度的设置，白平衡的设置以及一些工具使用模式的选择问题。

首先从持稳相机开始

正确的手持相机拍摄姿势，可以防止因手抖、相机晃动而产生影像模糊的情况。在我们利用数码相机内藏的液晶显示屏幕进行对焦和构图时，如果拍摄时姿势不对，很容易引起相机晃动，从而导致拍摄出来的画面模糊不清，影响图片质量，也使得我们的拍摄效果大打折扣。那么怎样才是正确的手持相机姿势呢？在本节中我们将详细为您讲解。

稳定两个手腕。如要通过液晶显示屏幕拍摄，记住不要把两腕伸出，而是把手肘稍微弯曲便可。这样，两手就不会上下摆动，大大提高了稳定性。

用身体来稳定。不要使用单手进行拍摄，应同时使用双手拍摄，按快门。如果想更加稳定，可以像照片二那样，把相机靠近身体的重心，加强稳定性。

对于备有旋转镜头功能的数码相机，拍摄时应尽量把相机靠近身体，增加其稳定性。

若液晶显示屏幕的镜头角度不变，可以把相机靠近身体，这样可以增加稳定性。

"半按快门"的秘诀。单腿跪下，拿相机的其中一边手臂放在膝上，这样更稳定。这钟方法，比起用两手拿相机，多了一点支撑，所以稳定性更高。

用其他物体来稳定。把相机靠近身体重心的一边，靠在建筑物旁，或把相机倚在树干旁，然后再按下快门。这样就算是较慢的快门，也可以清晰地把影像拍摄出来。

照片一

照片二

照片三

照片四

图片的格式问题

数码单反相机的优秀成像质量除了建立在良好的硬件配置上以外，在图像的后期处理上也有很大的自由度。提到这一点就不得不提到一个因素：图像的文件格式。对于数码单反相机，我们通常要与三种图像文件格式打交道：JPEG、RAW和TIFF。而普通消费类产品，仅仅支持JPEG一种格式。那么，三者究竟有什么区别，又该怎么使用呢？

JPEG格式是目前应用最广泛的文件格式，数码单反相机拍摄的JPEG图像，是经过了相机内部的各种处理（亮度、对比度、饱和度和白平衡）而得到的最后"结果"，使用非常简单。尽管如今的JPEG已经能提供相当好的图像质量，但在挑剔的人看来，它仍然是一种压缩格式。另外，JPEG的后期处理空间相对有限。

RAW的意思是"原始数据格式"，它包含的是相机的感光元件（CCD或者CMOS）的最初感光数据，没有经过相机的任何处理。RAW文件有什么优势？可以这么理解：拍照的过程是做一道菜，RAW文件中的那些原始数据就是做菜的原料。相机直接出JPEG的图片意味着用较短的时间直接做出来。而使用RAW文件，意味着你可以把这些原料保存下来，交给另外一位大厨，他可以用更多的时间对其精雕细琢。这样，出来的味道自然不同。并且，随着后期软件的不断升级，最终出片的效果还有提高的可能。

RAW格式还有一个优势。如果你后期对图像做了各种调节，也不会损失图像质量。而JPEG图像如果进行后期调整，在压缩的基础上继续压缩，只能造成更多的损失。

画质RAW设置（一）

画质RAW设置（二）

RAW格式是最大限度地发挥数码单反成像质量优势的终极办法。当然，RAW也可以转化为JPEG文件，只是，这样失去了使用RAW的意义——到最后，还要经过一次有损压缩，RAW的价值就大打折扣了。

分辨率的问题

分辨率就是屏幕图像的精密度，是指显示器所能显示的像素多少。由于屏幕上的点、线和面都是由像素组成的，显示器可显示的像素越多，画面就越精细，同样的屏幕区域内能显示的信息也越多，所以分辨率是个非常重要的性能指标之一。可以把整个图像想象成一个大型的棋盘，而分辨率的表示方式就是所有经线和纬线交叉点的数目。

分辨率越大，图像的精度越高。而尽量使用高分辨率进行拍摄是许多数码相机用户的一种错误的认识。从理论上讲，高分辨率可以获得高精度的图像，但数码照片要以图像文件的形式记录，随着分辨率的提高，图像文件也将增大，数码相机处理图像的时间也随之增多。所以，使用的分辨率越高，拍摄时需要的用于处理的时间越多，拍摄时需要占用的存储空间也越大。使用数码相机拍摄时存储器件的容量是有限的，使用的分辨率越高所能拍摄的张数自然也就越少。另外，由于处理的时间长，在抓拍时使用过高的分辨率将有可能错过精彩的镜头。

即使您不在意存储空间的浪费和处理时间的增加，分辨率的选择也应当以够用为限，否则当您做后期处理时，会发现，用较高分辨率拍摄的图像利用软件缩小成低分辨率，与用较低分辨率直接拍摄的图像视觉效果几乎相同，而且后者的图像锐度还会更好。

分辨率设置（一）

分辨率设置（二）

使用低分辨率拍摄的照片模糊不清

使用高分辨率拍摄的照片人物面部细节清晰可见

色彩模式的选择

很多人拿起数码相机拍摄，更多的是关心如何设置光圈、快门速度、感光度、白平衡或者拍摄图片大小等参数，却很少有人会去调整相机内色彩模式的设置。为什么相机菜单里面一定会有这么一项设置？色彩模式的设置是为了帮助所拍摄照片与最终所呈现的照片在色彩上的一致性。这么重要的原因，我们当然要去了解一下了。

色彩学中，人们建立了多种色彩模型，以一维、二维、三维甚至四维空间坐标来表示某一色彩，这种坐标系统所能定义的色彩范围即色彩的表现模式。我们经常用到的色彩模式主要有RGB、CMYK、lab等。

色彩空间菜单

我们在相机中看到的色彩设置一般为sRGB和Adobe RGB色彩模式，这种色彩模式是一种由Red(红色)、Green(绿色)、Blue(蓝色) 三色定义构成的色彩模式。但是sRGB的缺点是色域范围小，与Adobe RGB相比，差距相当大。

如果先期拍摄中使用了sRGB。就有点先天不足，好比是要盖100平方米的房子，却只有60平方米的材料。Adobe RGB 较之sRGB 有更宽广的色彩空间，它包含了sRGB 所没有达到的色域，层次丰富，但色彩饱和较低。一般数码相机的彩色模式常用的就是这两种色彩模式，sRGB最适合显示器的色彩空间，但由于它较窄的色域，不适于专业影像领域的使用。Adobe RGB有着更宽广的色域空间，能满足绝大多数图像印刷工作的需要，为高档单反数码相机所采用。用数码相机拍摄时必须根据后期制作设备和应用需要选择合适的色彩空间。比如，为网页展示所拍摄的照片应采用sRGB空间，因为它的色域更适合大多数PC显示器的要求。

使用sRGB 色彩模式拍摄的照片

使用Adobe RGB色彩模式拍摄的照片

暗红色，随着温度的继续升高会变成黄色，然后变成白色，最后变成蓝色。

在白炽灯下拍出的图像色彩会明显偏红。之所以在人眼中灯光和日光下的色彩都正常，是因为大脑会对其进行修正。大多数专业玩家都希望，用数码相机拍摄出的图像色彩和人眼所看到的色彩尽可能一样。不过，由于CCD等传感器本身没有这种功能，因此就必须对它输出的信号进行修正，这种修正叫做白平衡。

在数码摄影中，要达到准确的色彩还原，解决相机不能正确识别各种不同性质的光源颜色的问题，必须正确设置白平衡。

各厂家的数码相机既有自动进行白平衡的，也有手动进行的。自动白平衡虽然方便，但准确度有限，所以，现在的数码相机除了自动白平衡之外，还有日光、阴天、白炽灯、日光灯等多种预定义的白平衡。但即使如此，现实生活中光线条件是多种多样的，不同的数码相机，预定义的白平衡和自动白平衡的修正能力也是有限的。另外，在使用自动白平衡时还容易由于前一个景物的颜色特别偏向某一种颜色，引起之后的照片都偏向某一种色的问题。仔细观察，反复揣摩，熟练地使用白平衡功能将会拍摄出更美丽的照片，给您带来意想不到的乐趣。

我们可以按实际的需要进行设置，例如，反向利用白平衡功能，这样不仅能够把晚霞拍摄得更红，而且还可以拍摄出专业照片那样的摄影效果。

在室外使用太阳模式拍摄的照片

使用阴天模式拍摄的花朵照片

自动模式

日光模式

荧光灯模式

阴影模式

钨丝灯模式

感光度的设定

ISO是制定工业标准的国际标准组织的简称。胶片相机工业标准中，ISO标准用来衡量胶片对光线的敏感程度，数值越低，胶片的曝光感应速度越慢。数码相机中同样也采用ISO标准来衡量感光部件对光线的敏感程度，数值越大，感光部件越敏感。在传统相机中，可以按需要的拍摄效果使用不同ISO标准的胶片，利用其不同的曝光感应速度拍摄出想要的效果。在数码相机中，也可以通过调整ISO数值来设定改变感光部件的敏感程度。

在数码相机上提高ISO数值也就是提高感光度，由于感光度的提高，数码相机的快门速度会比较快，拍摄起来也比较容易。但是需要注意，因此也会产生一些不良的影响。例如，因为感光部件感光不足而使光信号转换为电信号后的电流强度减弱，照片的阴暗部分或者单色区域噪点色斑现象会比较明显。如果您希望获得画面干净的照片，那么您可以考虑采用低ISO数值来拍摄。不过，不同的相机感光度的设定还需要您自己实际去体验，建议您在还没有了解相机的特性时，拍摄时一级一级地升高感光度来进行测试。

在不使用闪光灯的情况下要拍摄出效果好的照片，一个简单的方法是通过ISO的调节实现。当然，如果提高ISO设置，会使得照片的颗粒感变得比较严重，这就需要使用者根据当时的情况灵活掌握了。如我们熟知的传统相机那样，ISO感光度表示胶卷对光线的感光度，有100、200、400等值。感光度值越大越适合用于光线昏暗的场所，但会损失色彩的鲜艳度和自然感觉。

尽管数码相机不用胶卷，但是也配备了与此相似的功能，也能够改变它的ISO。这样在使用时，想拍摄效果更好的照片，就把ISO设置为100，而在光线不足时将ISO设置为400或者更高。

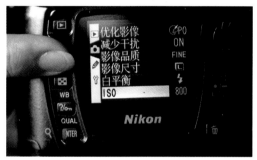

设定相机感光度（一）

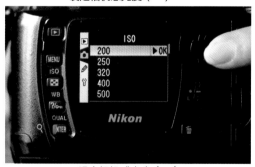

设定相机感光度（二）

利用ISO400拍摄室内灯光下的美女人像

必须看懂直方图

　　直方图的横坐标代表像素的亮度，左暗右亮。很多相机厂商将直方图从左到右分成"很暗"、"较暗"、"较亮"、"很亮"四个区域，也有的相机厂商将直方图分为五个区域。这些分区与直方图本身并没有关系，也不会影响到直方图的形成。无论四个分区还是五个分区，它们不过是为了观看方便而已。我们可以把"较暗"和"较亮"的区域看成中灰影调的区域，把"很暗"看成画面的暗影区，把"很亮"看成画面的高光区。

正常曝光

曝光过度

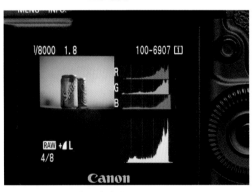

正常曝光直方图显示

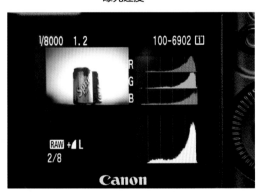

曝光过度直方图显示

　　从直方图上来看，画面中大部分处于"很暗"的区域中。光源的部分有少量的溢出，直接对准光源拍摄总会这样。但这并不影响整个画面，因为它们占的面积非常小，而且有节奏地出现在画面中成为点缀。注意被摄体的曝光，尤其是可乐的下半部细节。这都说明高光部分的曝光比较合适。

　　当画面中亮的部分占很大面积时，我们需要增加一些曝光，比如拍摄大面积的雪景，你可以适当向右增加曝光，注意不要让高光溢出，并且还要保证雪的纹理和细节；同样，当画面中暗的部分占很大面积时，我们需要减少一些曝光，比如当你在拍摄大面积的煤炭时，可以适当减少曝光，注意不要让暗影溢出，并且要保证被摄体的纹理和细节。

第 **4** 章

成败的关键在于曝光

在开始进行实战摄影之前，首先我们要对摄影中有关曝光的知识进行详细的学习，这样才有利于我们进行摄影实战工作，也会对我们的摄影学习有很大的帮助，接下来我们就来了解一下摄影中常用的曝光设置。

光圈与快门

! 光圈

　　光圈可以控制镜头的通光量，通常镜头光圈越大（F值越小），通过的光亮就越多，大光圈的特点就是能够获得很浅的景深，就是那种主体清晰、前后景模糊的效果，这种手段经常被用在人像摄影当中，能够突出主体。当然，大光圈下面的聚焦一定要保持准确，否则比较浅的景深很容易造成焦点的偏差。光圈越小（F值越大），通过的光亮就越少，在小光圈下面可以获得比较长的景深，这样比较适合表现宽广的风光或环境，清晰度范围很大。

! 快门

　　配合光圈的变化，可以调整快门的速度来实现正确曝光，快门就是曝光时间的长短，比如你的光圈确定为F8，那么快门越快，进来的光亮就越少，快门越慢进光越多，快速的快门可以把运动瞬间凝结在底片或者CCD上，比如，喷涌的瀑布，在阳光下凝结成晶莹剔透的水珠。如果放慢快门速度，那么，主体不动是清晰的，背景的人群就会变成模糊的运动效果，画面的生动性加强。

　　光圈与快门共同控制着相机的通光量。在光圈一定的情况下，改变快门速度可以有效地改变所拍摄图片的曝光量，快门速度越高，通光量越少；快门速度越低，通光量越多，在快门速度一定的情况下，改变光圈的大小同样可以改变拍摄图片的曝光量，光圈值越大，通光量越少；光圈值越小，通光量越大。所以，在拍摄不同类型的照片时，要想得到相同的曝光量，可以同时改变相机的光圈值与快门值。如光圈F11与快门速度1/200s所得到的曝光量与F8　1/250s，F16　1/150s所得到的曝光量相同。

为了得到正确的曝光量，就需要正确的快门与光圈的组合。快门快时，光圈就要大些；快门慢时，光圈就要小些。
光圈：11 快门速度：1/250s
曝光补偿：0EV 感光度：100 焦距：17mm

如果将光圈增大一级也就是F9，那么此时的快门值不变，这样的组合同样也能达到正常的曝光量。
光圈：9 快门速度：1/250s
曝光补偿：0EV 感光度：100 焦距：17mm

景深的运用

这是一个摄影术语，当某一物体聚焦清晰时，从该物体前面的某一段距离到其后面的某一段距离内的所有景物也都是相当清晰的。成像相当清晰的这段从前到后的距离就叫做景深。说得通俗一点，景深就是照片上图像前后的清晰范围。

光圈在控制景深的作用中，扮演着非常重要的角色。记住一个最基本的原则：光圈越大，景深越小；光圈越小，景深越大。

我们知道，在精确调焦的主体前后，还会有一段相对比较清晰的范围。比如拍摄时向某景物对焦，那么该景物必然处于清晰点上，而此时在它前后的前景与后景也相对比较清晰，因此，我们可以让前景与后景都处于清晰范围之内，也就是在景深范围之内。景深，也就是景物清晰的深度。这里我们所说的相对比较清晰，是因为前后景物的清晰程度毕竟不如对焦点上的那个物体，但是可以为人们的视觉所接受。

光圈与景深的关系

左侧面两张图片中，全是用100毫米镜头拍摄的，但上边用到的是光圈11，而下边的用到的

拍摄时若希望主体的前后景物都非常清晰，可以将光圈尽量向小处调节，反过来，若希望对焦的物体清晰，虚化前后的另外一些景物，应尽量将光圈开大。

光圈：11 快门速度：1/80s

曝光补偿：0EV 感光度：200 焦距：100mm

感光度与曝光值

! 感光度

ISO感光度是对光的灵敏度的指数。感光度越高，对光线越敏感。一般在拍摄运动物体或弱光情况下，感光度越高越好。但是高感光度下的图像噪点较多，清晰度也会下降，相反，感光度低，图像噪声信号减少，画质细腻，但不适用拍摄运动物体或者弱光环境。

! 曝光值

EV：曝光值 Exposure Value，EV值是由快门速度值和光圈值组合表示摄影镜头通光能力的一个数值。例如光圈f/2.8, 快门1/15s的EV值比光圈f/8, 快门1/60秒的EV值大。

一般说数码相机的噪点指的是，CCD取得光信号并将其输出的过程中出现的图像中的粗糙颗粒。由于这样的噪点在图像缩小之后就看不到了，所以用数码相机拍摄的高质量的图片在电脑上以缩略图形式显示时可能就很难被发现。但是，把原图放大一些查看时，本来不该出现的"杂色"就出现了。这个"杂色"就是噪点。

同时，这种类型的噪点在ISO值较高时很容易出现，所以在光线不好的时候适当把ISO数值调小，再用三脚架拍摄，是个减少噪点的好办法。

拍摄夜景时，快门时间超过一秒时也比较容易产生噪点，比如说昏暗的夜空，拍摄出来的图像上应该会看到零星地出现一些亮点。这种现象，是由于过慢的快门速度使得相机的CCD像素无法正常工作而引起的。这就是由于长时间曝光所产生的噪点。

为了降低这种噪点的产生，一些数码相机中附带了"降低噪点功能"。

在正常曝光下拍摄的夜景照片。
光圈：10 快门速度：1/0.8s
曝光补偿：+1.3EV 感光度：100 焦距：22mm

因使用了较长的曝光时间，加上没有打开相机降噪功能，造成画面噪点过多。
光圈：10 快门速度：1/0.6s
曝光补偿：+1.3EV 感光度：100 焦距：20mm

光圈优先

光圈优先是指由机器自动测光系统计算出曝光量的值，然后根据选定的光圈大小由相机自动决定用多少的快门。光圈优先自动曝光是以"光圈值"为基准来决定曝光的拍摄模式。拍摄者不管选择怎样的光圈值，快门速度都会自动做出调整，以得到恰当的曝光。

Av光圈优先技巧：1.不管拍什么，除非要保持安全快门，不然别用最大光圈拍。2.拍风景请尽量使用F8至F11的光圈。3.拍人物及静物特写可使用最大光圈缩1至2级之光圈。4.安全快门请尽量控制在焦距倒数以上，广角端快门也要在1/30s以上比较保险。若快门不足，请提高光圈或ISO。

使用光圈优先自动曝光时，拍摄者必须有意识地考虑自己想要如何展现被摄体，在这里推荐那些想要突破程序自动曝光（ISO自动）拍出更优秀照片的摄影初学者，利用光圈优先自动曝光模式拍摄，有利于拍摄水平的提高。光圈优先自动曝光（ISO自动）只要设置好光圈值，相机就会自动设置合适的快门速度和ISO感光度的组合，所以使用该模式并不困难。

理解了光圈、曝光和景深的关系，大家就会发现这是一种很方便的拍摄模式，能让初学者方便地拍出符合自己创作意图的照片。
光圈：2.8 快门速度：1/2500s
曝光补偿：0EV 感光度：100 焦距：46mm

如上所示，光圈值（F值）越小，光圈开得越大，景深（合焦范围）越小，反之，光圈收得越小则景深越大。在使用光圈优先自动曝光时，使用程序自动曝光模式时（设置为ISO自动），相机会自动决定曝光三要素。
光圈：2.8 快门速度：1/2000s
曝光补偿：0EV 感光度：100 焦距：70mm

快门就是允许光通过光圈的时间，表示的方式是数值，例如1/30s、1/60s等，同样，两个相邻快门之间相差两倍。而快门优先是指由机器自动测光系统计算出曝光量的值，然后根据选定的快门速度自动决定用多大的光圈。

快门优先是在手动定义快门的情况下通过相机测光而获取光圈值。快门优先多用于拍摄运动的物体上，特别是在体育运动拍摄中最常用。

很多朋友在拍摄运动物体时发现，往往照片里的主体是模糊的，这多半是因为快门的速度不够快。在这种情况下，你可以使用快门优先模式，大概确定一个快门值，然后进行拍摄。

物体的运动一般都是有规律的，那么快门的数值也可以大概估计，例如，拍摄行人，快门速度只需要1/125s就差不多了，而拍摄下落的水滴则需要1/1000s。

与光圈优先相反，在光圈优先的情况下，我们可以通过改变光圈的大小来轻松地控制景深，而在快门优先的情况下，利用不同的光圈拍摄运动的物体能达到很好的效果。这两者都要灵活运用，满足我们不同情况下的拍摄要求。

技巧提示

不同的组合虽然可以达到相同的曝光量，但是所拍摄出来的图片效果是不相同的。在拍摄人像时，我们一般采用大光圈、长焦距达到虚化背景获取较浅景深的作用，这样可以突出主体。

快门优先模式可用于拍摄宠物题材。
快门速度：1/250s 光圈：2.8
曝光补偿：0EV 感光度：100 焦距：85mm

使用快门优先模式拍摄玩耍的儿童，可以轻松抓拍儿童跳动的瞬间。
快门速度：1/2000s 光圈：2.8
曝光补偿：0EV 感光度：100 焦距：50mm

圈、快门组合来得到摄影师所需要的特殊曝光图片，比如在阳光下拍摄，光圈为F11，快门就为1/125s，也可以人为地用手动模式设定为F2.8，1/400s。

在光线很复杂的环境，比如森林里；还有光线非常暗的环境，比如夜间的公园，相机的测光系统根本就无法识别光线强度，所以根本就无法给出正确的曝光组合，这时候全手动设置曝光参数就很有用了，你可以通过不断地改变曝光组合试拍来得到正确的曝光。

其实，实际情况更复杂，由于光圈和快门是组合，比如光圈为F11，快门为1/125s和光圈为F8，快门为1/250s两个组合出来的曝光量是一样的，所以摄影者会通过改变光圈大小和快门速度来得到一些特殊的效果，比如增加光圈可以虚化背景，减慢快门可以避免把瀑布拍成水珠。甚至故意地曝光过度来增加人脸白皙和曝光不足来突出深色物体的立体感。而这些都是相机的自动曝光无法完成的。

还有更复杂的，比如拍摄烟花，需要打开快门来等待烟花出现；拍摄夜景人像，需要闪光灯照射以后保持快门打开来获取背景的正确曝光。这些也是自动曝光无法完成或无法正确完成的工作。

所以全手动曝光，对学习摄影的人来说，是必须掌握的。自动曝光的相机只适合拿相机来记录生活，不适合进行摄影创作。

全手动曝光模式拍摄天空可以得到多种拍摄效果
光圈：16 快门速度：1/100s
曝光补偿：−0.5EV 感光度：100 焦距：24mm

📷 技巧提示

这里需要注意的是数值越小，表示光圈越大，比如F4就要比F5.6的光圈大，并且两个相邻的光圈值之间相差两倍，也就是说F4比F5.6所通过的光线要多两倍。

曝光补偿

曝光补偿就是有意识地变更相机自动演算出的"合适"的曝光参数，让照片更明亮或者更昏暗的拍摄手法。拍摄者可以调节照片的明暗程度，创造出独特的视觉效果。一般来说摄影师会变更光圈值或者快门速度来进行曝光值的调节。

在拍摄模式为光圈优先自动曝光模式（Av）时，改变的是快门速度，而在快门优先自动曝光模式（Tv）下，改变的是光圈值。

另外，在程序自动曝光模式（P）下，相机能够根据周围亮度，巧妙地变更光圈值和快门速度的组合进行曝光调节。

在拍摄时可以对图像进行正向或者负向的曝光补偿。需要注意的是，设置好曝光补偿后即使关闭电源后再开机，其设置也不会改变。所以，如果进行曝光补偿拍摄，原则上在进行拍摄后要将曝光补偿参数还原到±0EV。

下面的图例，是将相机设置为光圈优先自动曝光模式，并使用曝光补偿功能分级改变照片的亮度进行拍摄的。与相机判断为"合适"曝光值的照片（无曝光补偿：±0EV）相比，不管是正向曝光补偿还是负向曝光补偿，补偿值越高，亮度变化就越明显。

不难发现，仅仅1/3EV的补偿也会产生亮度差。相机计算出的曝光值并不是绝对正确的。另外，相机计算出的"合适"曝光值和实际见到的美丽效果也不一定一致。拍摄者可以根据自己的主观意志判断究竟什么程度的亮度最合适。相机计算出的"合适"曝光参数归根结底只是一个参考标准，最终还是根据拍摄者的意图来进行补偿。

在同一拍摄取景范围内，只要物体反光度不同，必然有部分区域曝光不足或曝光过度。
光圈：2.8 快门速度：1/125s
曝光补偿：+0.3EV 感光度：100 焦距：24mm

以同样的曝光值拍摄，被摄者的肤色以及衣物不同，相机拍摄下来的画面明暗度也不尽相同。
光圈：2.8 快门速度：1/125s
曝光补偿：：+0.3EV 感光度：100 焦距：24mm

正确的测光

❗ 什么是测光

　　说到使用正确的测光方式和技巧，我们首先需要了解什么是数码相机的测光。所谓测光其实就是指数码相机根据环境光线系统依靠特定的测量方式而给出的光圈/快门组合的方式。简单地说，也就是对被摄物体的受光情况进行测量。

　　一般来说，测光主要是测定被拍摄对象反射到镜头中光的亮度，然后，根据这一亮度给出一定的光圈和快门速度组合。而这种测光方式一般也被称为反射式测光。测光方式如果按测光元件的安放位置不同可分为外测光和内测光两种。

　　外测光则是指测光元件与镜头的光路各自独立进行测光。这种测光方式广泛应用于各种旁轴取景式镜头快门照相机中，虽然它具有足够的灵敏度和准确度，但会因为镜头与测光元件的位置和感光方式不同而产生偏差。而内测光一般也会被称为TTL测光。这种测光方式是直接通过镜头来测量进入镜头的通光量，与外测光相比，这种测光方式可以更为灵活地在更换相机镜头或摄影距离变化、加滤色镜时进行自动的光线校正。

　　一般来说，TTL测光系统与传统单反相机的测光系统比较相似，具有色彩还原准确、图像淡雅的特点。而TTL直接测光，则多被应用于各种消费级准专业相机之中，与TTL测光相比，这种直接测光可以较好地中和CCD色彩宽容度差的问题，避免图像色彩反差过大。

　　而无论使用哪种测光方案，专业一点的数码相机多数具有多种测光模式。而这些测光模式，假如根据测光元件对摄影范围内所测量的区域范围不同来分类，则主要包括点测光、中央部分测光、中央重点平均测光、平均测光、多区测光等几个大类。而无论采用哪种测光模式，其目的都是希望拍摄者可以更为自由地根据实际环境来准确地确定正确的曝光量。

在光线均匀的影室内拍摄人物，许多摄影师会使用点测光模式对人物的重点部位，如眼睛、面部或具有特点的衣服、肢体进行测光，着重表现其具有特点的部位，以达到突出主题的艺术效果。
光圈：9 快门速度：1/125s
曝光补偿：0EV 感光度：100 焦距：90mm

这种模式的测光重点放在画面中央(约占画面的60%)，同时兼顾画面边缘。它可大大减少画面曝光不佳的现象，是目前单镜头反光照相机主要的测光模式。因此，非常适合拍摄各种具有大反差光照的风景或运动照片。
光圈：10 快门速度：1/320s
曝光补偿：0EV 感光度：100 焦距：35mm

曝光锁定

在使用点测光模式时，需要了解曝光锁定的使用。相机点测光的测光点在取景区的中心。使用点测光的时候，需要把取景区中心点（点测光的测光点）对准需要表现的主体来测光。如果在你想要表现的取景中，表现主体并不在中心点，可以先用点测光的测光点对准表现主体进行测光，并使用相机的曝光锁定功能锁定对主体测光的数据，最后根据自己的想法，重新构图，对焦后按下快门。

大多数相机的曝光锁定都有专门的按钮，能够使我们轻松地在曝光锁定后重新考虑构图。但也有一些相机曝光锁定和对焦都是通过半按快门实现，假如测光点和对焦点并不一致，例如，拍摄夕阳下的建筑时，如果测光点是太阳边的云彩，而对焦点是建筑物，就需要先对云彩点测光后曝光锁定，然后重新构图对建筑物对焦。

有些相机不能提供单独的曝光锁定和对焦锁定，也可以先对主体点测光后记下曝光数据，然后把相机的拍摄模式设置为M挡，按点测光的数据设定曝光数据，然后进行构图和对焦。

从取景环境看，需要表现的主体荷花较亮，而荷叶等较暗，且茎秆参差影响构图。如果按照平均测光，那么平均测光值就会偏向较暗环境的光线强度，拍摄得到的结果是花叶、池塘曝光正确，而我们要表现的主体荷花确是惨白一片（曝光过度）。拍摄这张照片的时候，因为荷花反光较多，荷叶和池塘反光少，利用相机的点测光功能，对主体荷花花瓣进行点测，就能对荷花正确曝光，突出荷花色彩好细节佳，而池塘曝光不足，黑暗掩盖了层次的茎秆，更好地强调了主体荷花。

曝光锁定在复杂光线条件下取得正确曝光的理想工具，无论是拍摄人像，还是拍摄风景都非常实用。如上图所示，拍摄这张照片，当相机对准荷花半按快门锁定对焦以及曝光值时，因为荷花的反射等因素，影响了测光值，就会导致背景曝光不足，而荷花则正确曝光。
光圈：11 快门速度：1/125s
曝光补偿：0EV 感光度：100 焦距：95mm

而采用AEL锁定功能，就会有效解决这个问题，如上图所示。直接按照看到的画面构图，按下AEL锁将曝光数值锁定，然后将相机对准希望目标焦点区域，重新调整构图后按下快门，就能得到所希望的曝光值。
光圈：9 快门速度：1/125s
曝光补偿：0EV 感光度：100 焦距：160mm

第 5 章

可靠的附件

在执行实际拍摄操作的时候，我们会发现能够熟练地使用一些小道具会大大地增加我们的拍摄效率，同时也会令我们所拍摄的照片更加完美。

三脚架

⚠ **三脚架**

三脚架的作用无论是对于业余用户还是专业用户都有着不可忽视的作用，它有助于我们稳定相机，以达到某些特定的摄影效果。

⚠ **三脚架相关知识**

选购 稳定性是关键

零件 中心柱 三角柱 云台 锁紧

材质 木质、合金材料、钢铁材料等

优点 长时间曝光中不可或缺

其他 其重量与稳定性成正比

碳纤维三脚架

云台

升降杆

相机包

⚠ **相机包**

在选购相机包时，最重要的是要考虑在意外撞击和雨天、大热天等特殊天气时的防护作用。选购时应该将自己的数码相机带去，放进相机包中测试一下，看是否摇几下就掉出来，在意外撞击时是否有足够的缓冲能力。

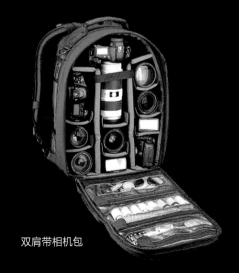

双肩带相机包

快门线

快门相关知识

不管是传统相机使用者还是数码摄影者，会遇到因为按下快门的瞬间，用力过大导致相机震动、歪斜，导致破坏画面的完整性。快门线就是一种可以控制相机拍照，避免接触相机表面所导致震动，防止破坏画面完整性的设备。

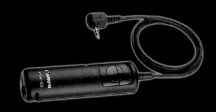

相机快门线

反光板

金色反光板

银色反光板

反光板相关知识

常用的反光板主要有金色反光板、银色反光板以及白色反光板。白色反光板的反光性能不是很强，所以其效果显得柔和而自然；银色反光板比较明亮且光滑，能产生更为明亮的光；金色反光板也能产生强烈的反射光线，它产生的光线色调较暖。

想要"突出"被摄者的眼睛，银色反光板是最好的选择，这种反光板的效果很容易在被摄者眼睛里映现出来，从而产生大而明亮的眼神光。

光圈：4　快门速度：1/320s
曝光补偿：0EV 感光度：100 焦距：70mm

图为摄影师在拍摄花卉类题材时，借助反光板拍摄正在绽放的花朵。

经过反光板反射，阳光自然地照射到花朵的阴暗处，使得绽放的鲜花看起来更加动人。

闪光灯

❗ 闪光灯

闪光灯是一种摄影人再熟悉不过的器材。在光线暗的时候需要用闪光灯来照明，所以内置闪光灯、机外闪光灯我们都会常常使用。

闪光灯及底座接口

❗ 闪光灯的使用

闪光灯的使用可以说千变万化，根据灯头侧向、向上或向后等不同状况下的反光，会给主体带来不一样的光影效果。单个灯的使用比较简单，而且一般的闪光灯都支持离机引闪，因此，用内置闪光灯来引闪外置灯的话也能营造两盏灯的效果。而双灯的使用更加灵活，可以是两侧、上下或前后，不同方式又可调整每支灯的高低位置和灯头角度，来营造不同效果。当然如前所述，如果利用上内闪，还可以成为3灯使用。不管如何使用，我们的目的都是要突出主体，营造更加立体生动的画面效果。

机顶外接闪光灯

影室灯

❗ 影室灯

一般的相机内置和机顶的闪光灯体积比较小，发出的闪光很难取得平均而广泛照明的效果，所以要用影室闪光灯。影室闪光灯一般具有较大的输出功率和方便设计灯光效果的造型灯。影室闪光灯的种类极多，由不同大小输出到不同的用途包罗万象。有一些特别专业的影室闪光灯输出功率非常高，需要专业的电源箱。

影室闪光灯——裸灯

带有反光伞和遮光罩的大型影室闪光灯

第 6 章

构图是画面之魂

摄影构图是摄影创作的核心问题，为了能够获得最佳的画面以及更好地表现主题思想，我们在这一章主要学习摄影构图的创作规律。

构图是画面的骨骼

! 什么是构图

　　摄影构图是指照片在画面上的布局、结构。其具体含义是根据拍摄要求，运用相机镜头的成像特征和摄影造型手段，在取景器这个视觉框架内运用审美原则将实际存在的景物进行选取，并对已选取的景物在画面内进行安排，令拍摄对象更具艺术感染力。如果说把一张照片看作一个鲜活的人体的话，那么构图就是这幅画面中的骨骼，其对于画面形成的重要程度也就不言而喻了。

 拍摄重点

镜头 长焦镜头

曝光 正常曝光

用光 使用自然光作为主光源

构图 采用人像全身构图的形式拍摄

其他 人物与背景相映衬 色彩简洁干净

摄影构图就是运用摄影的手段，在画面中经营位置，进行结构和布局，把各种造型元素、画面元素，有效地组织成一个整体，以最佳的形式表现主题思想和审美情感。

摄影构图有一定的理论依据，因此有人会有"学习构图难"的偏见，其实，在日常生活中，构图无处不在，也可以说摄影构图就是画面的骨骼，而曝光技术就是画面的皮肉。只有这两点结合在一起才会拍摄出非常完美的画面。

在右侧的图片中我们可以看到，摄影构图实际上有两个目标：一个是为了寻求最佳的画面结构形式，另一个是为了最好地表现主题思想和审美情感，第一个目标只是过程，而第二个才是最终的目的。

摄影构图包含的因素有很多，包括点、线、面、光线、影调形状、色彩、立体空间、质感等。构图的任务就是把各种因素很好地安排在一起，通过构图的处理，使画面具有一定的表现力，给观者以美的视觉享受。

构图讲究表现手段，例如拍摄方位、拍摄视距、拍摄视角等。各种手段的主要目的就是突出被摄主题，舍弃那些表面的、烦琐的元素，并恰当地安排陪体、选择环境，使主体比现实更典型、更理想，以增强照片的艺术感染力。

一张精彩的照片往往蕴含着各种各样的构图要素。

寻找一些方法，使你的图片的兴趣中心点给人以最大限度的视觉吸引力。
光圈：2.8 快门速度：1/500s
曝光补偿：0EV 感光度：100 焦距：50mm

通过选择简单的背景，避免不相干的物体相互干扰，靠近（主体）等方法，可以使你的图片更简洁，使你的趣味中心点得以加强。
光圈：2.8 快门速度：1/200s
曝光补偿：0EV 感光度：100 焦距：135mm

达到好的平衡是获得好的构图的另一法则。注意一下模特儿与楼梯在画面上的位置，他们的位置看起来都恰到好处。要创作这样一张具有好的平衡的图片，相机的视角和主体的位置都要精心选择。
光圈：5.6 快门速度：1/100s
曝光补偿：0EV 感光度：100 焦距：25mm

📷 **技巧提示**

　　"眼力"是摄影师不断培养和提高的一项能力，是成功构图的关键。一双善于发现的眼睛，可以在司空见惯的环境中进行有效的过滤和选色，以找到那些值得拍摄的对象。好眼力的基础是善于发现，发现突出的主体、明确的主题以及简洁的画面。更高的要求则是用创新的方法表现现实世界。

寻找画面的趣味中心

　　摄影作品的画面中总有一个最能吸引读者"眼球"的地方，这个地方就被称为"趣味中心"。我们在摄影的构图中应当把我们所要表现的主体放在这个"趣味中心"点上，才能让我们所表现的主体在第一时间进入读者的视线，才能抓住读者的眼球。

 拍摄重点

镜头 微距镜头

曝光 正常曝光

用光 使用自然光作为主光源

构图 采用对角线构图的方式

其他 植株充满了整个画面，使主题更突出。

当我们在拍摄的时候，首先要找到画面的视觉重点，然后再根据视觉上的重点去安排画面的趣味中心。

视觉重点，是构图组织的一个重要因素；它能够吸引观者的注意力；具有画面结构的意义。它可以帮助建立画面次序，方便观赏。如果没有这个重点，画面就显得分散。使观赏者不知道摄影师拍的是什么。特别是一些叙事性的作品更要重点建立视觉重点，没有视觉重点，就像说话没有主次，杂乱无章。

当我们对一朵花、一个建筑、一个人感兴趣，要拿起相机拍下来时，这些主体就是我们画面的趣味中心。那么，它们应该放在画面的什么位置上呢？怎样能让观赏者理解我要表达的意思呢？这里，首先要了解在画面上的黄金分割点。我们如果将任一长方形画面连接对角线，再从长方形角点向对角线做一垂线，交点即名为黄金点。这样，画面上有四个黄金点。中国自古以来用的是九宫法，即将画面平均分成九份，也有四个交点，称黄金点，和西方大致相仿。

趣味是情趣意味，是种鉴赏力，特别是对艺术作品的审美能力。趣味中心在摄影构图中，一般就是指审美指向的地方。趣味是从主体出发的，是主体情趣关注的方面。因此说，趣味是有个性的。在摄影构图中，它给作品增强艺术趣味。在艺术创作中作者总是力图将自己感兴趣的东西，通过作品传达给观众，并希望能够接受。

在审美方面，摄影师与观赏者对表现的事物可有不同的情趣和偏爱。如果摄影师感兴趣的只是画面的情节跟内容，而观者感兴趣的是画面的形式或气氛。两个方面就不一定能合为一体。所以，摄影师在摄影画面中必须建立趣味中心，确定审美指向，以引导观众的兴趣，将观者欣赏的主体兴趣创作到对主体的审美上来。这就需要有一定基本功。最简单的方法就将视觉重点与趣味中心结合起来。

这儿有一个有关对称平衡的例子。两个挂在树梢的石榴果实在画面上达到了一个平衡。通常，这种形式的平衡能使人产生兴趣。
光圈：2.8 快门速度：1/200s
曝光补偿：0EV 感光度：100 焦距：50mm

直接突出就是给被摄主体以突出的位置、最大的面积和照明条件来引人注目。
光圈：2.8 快门速度：1/200s
曝光补偿：0EV 感光度：400 焦距：100mm

人物众多的集会场面，多以气势和场面气氛吸引观众，很难分清明显的主次，应该选择景物中某一点作为结构上的支点，用来呼应全局，达到整体统一。
光圈：6.3 快门速度：1/200s
曝光补偿：0EV 感光度：100 焦距：80mm

突出被摄主体的方法

拍摄重点

镜头 广角镜头

曝光 增加一档曝光值

用光 使用自然光作为主光源

构图 利用会聚线拍摄

其他 用光线强调构图中的主体

在摄影画面中，处理主体与背景的关系时，特别要防止靠色现象，主体与背景间的色差越大，视觉效果就越强烈；如果再加上不同的色彩之间的亮度差异，主体与背景就会形成更大的色差，主体就不会湮没在背景中。一般来说，主体与背景的差异越大，主体就会显现得越鲜明，因而对于表达主题也就越有利。

摄影是光与影的艺术。因此利用光线的明暗关系来突出主体也是比较重要的手段。通常的做法是把主体安排在比较明亮的光线下，不太重要的陪衬体安排在阴暗中。可以借助各种光线照明手段来突出主体。比如亮背景衬托暗主体，暗背景衬托亮主体等。利用光线变化来突出主体是切实可行的办法。

从视觉心理学的角度来看，主体在画面中的位置也直接影响到观众对它的关注程度。可以借助合适的线条来引导观众的视线，比如河流、小溪等作为引导线，引出主体。把主体安排在黄金分割线上来突出主体。借助沟通方式来突出主体的方式还有很多，没有一定之规，需要随机应变。

主体肯定不能虚，陪衬体可以虚化来突出主体。要掌握好虚实的关系，该虚的坚决要虚。这种方法在人像摄影和特写描写上用的得比较多。

主体要大，一件物体展示在我们面前时，往往是形体大的物体引人注意。所以在不大的画面上，充分利用有限的面积，让主要表现对象占据较大的面积也是突出主体的重要方法。特写类的作品往往具有较强的视觉冲击力，这是因为特写照片上主体占据了主要甚至全部画面，几乎没有什么与主题无关的任何背景。

在拍摄之前应选取不同的方位、角度对物体作观察及比较，从中找出一个最佳、最可表达主题、最生动的视点，以找到最合适的构图。
光圈：8 快门速度：1/250s
曝光补偿：0EV 感光度：100 焦距：24mm

简单的前景不会抢去主题的地位，有利于突出主题。但过于简单及单调的前景使照片过于呆板。
光圈：16 快门速度：1/60s
曝光补偿：0EV 感光度：100 焦距：17mm

要了解前后景物在照片中的关系，并适当地安排它们，以有效地表达主题，避免喧宾夺主的情况。
光圈：11 快门速度：1/80s
曝光补偿：0EV 感光度：100 焦距：120mm

使画面简洁

　　我们都知道摄影是一门减法的艺术，古语云："空可走马"，就是用来比喻画面简洁的程度。简洁的画面更有利于突出主体，使得画面一目了然，清晰明了。所以在拍摄过程中，我们要合理地利用减法，去除画面中那些多余或杂乱无章的部分，令画面简洁明了，富有透气感，更具有可观性，从而留住观者的视线。

 拍摄重点

镜头 长焦镜头

曝光 增加一档曝光值

用光 使用自然光作为主光源

构图 竖向构图突出被摄景物完美姿态

其他 画面晶莹剔透 极具魅力

画面简洁是构图整体要求的一个重要方面。简洁明了的构图形式，使观众一下子就能看出作品的内容，作者要告诉观众什么样的思想。

一般来说一幅作品只能反映一个主题。所以构图时对被摄景物的取舍是非常重要的。我们只有进行必需的选择、提炼，从自然凌乱的景物中突出一个景物，最能反映主题的内容才能达到内容与形式的完美统一。

做到画面简洁，应注意：一是要舍得舍弃。往往有这种情况，被摄景物中人物、景物繁多，感到这也好，那也好，这时应该在其中选择最能表现主题的画面，哪怕只是一个侧面。而对那些可有可无的景物就应该坚决避开或遮挡隐蔽在背景里。二是要让主体在画面上占有一定的面积。这个面积可大可小，但必须在画面的视觉中心位置上，达到主次分明、层次清楚。

要了解前后景物在照片中的关系，并适当地安排它们，以有效地表达主题，避免喧宾夺主。
光圈：11 快门速度：1/200s
曝光补偿：0EV 感光度：100 焦距：24mm

📷 **技巧提示**

背景指处在主体之后衬托主体的景物。其作用是说明主体所在的环境。画面中前景有时可有可无，而背景必须存在。关键要掌握好背景的处理。应该选择那些有特征的景物作为背景，加深观众对作品主题的理解。

构图时选择背景要注意，一定要简洁明了，杂乱的背景必然分散观众的注意力使主体不突出，可以采用背影像虚化的手法，达到烘托主体的目的
光圈：1.4 快门速度：1/800s
曝光补偿：0EV 感光度：100 焦距：50mm

画面简洁明了，把观众的注意力吸引到最能表达作品主题的景物或人物上去。
光圈：2.8 快门速度：1/200s
曝光补偿：0EV 感光度：100 焦距：50mm

经典构图之画面留白

　　留白，即摄影画面上除了看得见的被摄体之外的一些空白部分，它们可以是雾气、天空、水面、草原、土地或者其他景物，由于运用各种摄影手段，它们在画面上用来衬托主要的被摄体。合理地留白能够使得画面富有空间感或更具生动性。

 **拍摄重点**

镜头 标准镜头

曝光 正常曝光

用光 室内布光拍摄

构图 采用三分之一构图形式

其他 人物与背景相映衬，通过留白使画面更简洁

　　留白处虽然不是实际的物体，但在画面上同样是不可缺少的组成部分，它是沟通画面上各对象之间的联系，组织它们之间相互关系的纽带。空白在画面上的作用是帮助作者表达感情色彩。

　　画面上留有一定的空白是突出主体的需要。要使主体醒目，具有视觉冲击力，就要在它的周围留有一定的空白，如拍人物总是避免头部、身体与树木、房屋、路灯及其他物体重叠，将人物安排单一色调的背景所形成的空白处，在主体物的周围留有一定空白，可以说是造型艺术的一条规律。人们对物体的欣赏是需要空间的，一件精美的艺术品，如果将它置于一堆杂乱的物体之中，就很难欣赏到它的美，只有在它周围留有一定的空间，精美的艺术品才会放出它的艺术光芒。

　　摄影画面上的空白有助于创造画面的意境。一幅画面如果被实体对象塞得满满的，没有一点空白，就会给人一种压抑的感觉，只有画面上空白留得恰当，才会使人的视觉有回旋的余地，思路也有发生变化的可能。

　　空白还是画面上组织各个对象之间呼应关系的条件，不同的空间安排，能体现不同的呼应关系。要仔细观察物体的方向性，合理地安排空白距离，以组织其相互的呼应关系。

　　空白的留取与被摄体的动作有关。一般的规律是：正在运动的物体，如行进的人，江上轻泛的小舟，运动方向要留有一些空白，这样才能使运动中的物体有伸展的余地，观众也觉得通畅，加深对物体运动的感受。

　　画面上的空白处的总面积大于实体对象所占的面积，画面才显得空灵、清秀。如果实体对象所占的总面积大于空白处，画面重在写实，但如果两者在画面上的总面积相等，给人的感觉就显得呆板平庸，这是一个感觉的问题。

　　空白的取舍及空白处与实处的比例变化，的确是一项创造性的画面布局的重要手段。

画面的空白不是孤立存在的，它总是实处的延伸。摄影画面空白处与实处的经营，也应能激起观众丰富的联想，利用空白来创造意境，在其他艺术中都有创造性的作用。
光圈：16　快门速度：1/320s
曝光补偿：0EV　感光度：200　焦距：200mm

人的视线也是一种具有合乎人们欣赏习惯的心理要求。总之，我们要善于灵活地、具有独创性地运用空白。
光圈：11　快门速度：1/125s
曝光补偿：0EV　感光度：100　焦距：70mm

画面上的空白与实物所占的面积大小，还要合乎一定的比例关系。要防止面积相等、对称。
光圈：3.5　快门速度：1/320s
曝光补偿：0EV　感光度：100　焦距：50mm

经典构图之框架构图法

　　框架式构图就是指用一些前景将主体框住，从而把我们想要突出的主体展现出来。我们在拍摄中常用的框架一般有树枝、拱门、窗户、装饰漂亮的栏杆或厅门等，这种构图形式可以很自然地把读者的注意力集中到主体上，从而达到突出主体、说明主题的目的。

 拍摄重点

镜头　远摄镜头

曝光　正常曝光

用光　使用自然光作为主光源

构图　采用框架式构图突出主题

其他　景物在盛开的樱花下显得格外动人

框架式构图是利用摄影现场离镜头较近的物体，如门、窗、涵洞等作为前景，因为画面周围形成一个边框，所以称之为框架式构图。

框架式前景不仅能引导读者的视线，而且还能遮挡那些不美的景物和分散注意力的细节。同时能点出画面的环境、地点、季节等。框架式构图的边框不仅有装饰效果，而且由于影调的明暗对比和边框的衬托作用，更能突出画面的主体，并使画面产生较强的纵深透视感。因此，在拍摄时多采用逆光光线和广角镜头拍摄。

另外，焦点清晰的边框虽然有吸引力，但它们可能会与主体相对抗。因此用框架式构图多会配合光圈和景深的调节，使主体周围的景物清晰或虚化，使人们自然地将视线放在主体上。给一个影像增加深度和视觉趣味。

我们常常用框架物作为画面的前景，它可能是一道漂亮的圆形拱门、纵横交错的树枝、木质的栅栏、古老的城楼、一个普通的窗框或是匆匆而过的人物，这些框架可以给画面增加纵深感，也会把观者的视线引向拍摄的主体。

在拍摄很多场景的时候我们希望传达给观者现场的气氛，框架的运用会吸引观者参与到你的画面中，使观者感觉自己正置身其中并通过你设计的框架窥视场景。如果你选取的框架本身就具有形式的美感，不妨把它们处理成剪影的效果，你会发现画面更加具有立体感和深度，由于剪影处缺少细节，因此反而更会带给观者一种隐约的神秘感。

画面留白式构图在具体使用中应当注意环境的烘托，注重画面的渲染，气氛的烘托，主体在画面的位置，要用大部分面积的环境烘托作品主体。
光圈：10 快门速度：1/200s
曝光补偿：−0.5EV 感光度：100 焦距：40mm

如拍一张人物特写照片时，就可以请模特儿做一些小动作来当作画面框前景，这样做既可以令画面充满新意，又能够带给观者俏皮的感觉。
光圈：4 快门速度：1/200s
曝光补偿：0EV 感光度：100 焦距：50mm

合适的画框起着渲染环境、说明主体的作用，同时增强画面空间感。画框可以是处在主体周围的树木、花草等。
光圈：6.3 快门速度：1/100s
曝光补偿：0EV 感光度：100 焦距：70mm

📷 **技巧提示**

进行风情摄影，通常是景色好看，但要拍好，尤其拍出新意来却不容易，如果再有雾这一上天赐予"尤物"的加入，就更加需要耐心经营。无论是云蒸霞蔚的大场面，还是移步易景的小品，都需要拍摄者用独到的眼光去捕捉，用独特的创意去表现。

经典构图之"S"形构图法

"S"形构图

　　"S"形构图在画面中是以有形或无形的线条出现，它可以令观者的视线不由自主地随着曲线移动，能够有效地把分散的景物串联成一个整体，以增强画面的空间感。同时"S"形构图的线条又极具延展性，还兼具了曲线的优美与柔和，可以给我们以视觉上美的观感，是非常实用的画面构图方式。

 拍摄重点

镜头 变焦镜头

曝光 对着受光面进行点测光

用光 使用自然光作为主光源

构图 采用"S"形构图

其他 "S"形构图能够有效地把分散的景物串联成一个整体

"S"形实际上是条曲线，只是这种曲线是有规律的定型曲线。S形构图具有曲线的优点，优美而富有活力和韵味。同时，观者的视线随着S形向纵深移动，可有力地表现其场景的空间感和深度感。

S形构图分竖式和横式两种，竖式可表现场景的深远，横式可表现场景的宽广。S形构图着重在线条与色调紧密结合的整体形象，而不是景物间的内在联系或彼此间的呼应。

S形构图最适于表现自身富有曲线美的景物。在自然风光摄影中，可选择弯曲的河流、庭院中的曲径、矿山中的羊肠小道等，在大场面摄影中，可选择排队购物、游行表演等场景；在夜间拍摄时可选择蜿蜒的路灯、车灯行驶的轨迹等。

S形构图中，S形曲线由于它的扭转、弯曲、伸展所形成的线条变化，使人感到意趣无穷。S形构图在中国画中，称为"之"字形布局，也是强调平面分割的曲折变化和内在联系。

S形构图通常还可以有另外两种：一种是画面中的主要轮廓线构成S形，从而在画面中起主导作用。这种构图以人物摄影构图为主。另一种是在画面结构的纵深关系中，所形成的S形的伸展，它在视觉顺序上对观众的视线产生由近及远的引导，诱使观众按S形顺序，深入画面意境中去。

当你欣赏一幅照片时，你的视线很容易被某些线条引导，我们在拍摄时就要找出这些线条。
光圈：8 快门速度：1/160s
曝光补偿：0EV 感光度：100 焦距：70mm

在风光摄影中，"S"形曲线常被用作引导线，因为人的视觉对曲线特别敏感，在上图中，曲折的小路以"S"形线的形式把观者的视线引向了远方的动物。
光圈：16 快门速度：1/320s
曝光补偿：+0.3EV 感光度：250 焦距：400mm

肆意生长的树木自由伸展的线条，能给观者一种韵律感，造型能力极强。
光圈：16 快门速度：1/100s
曝光补偿：+0EV 感光度：100 焦距：24mm

📷 **技巧提示**

S型构图，需要摄影者能够抓住被摄物体的特殊形态，在拍摄的时候调整角度和视野范围，从而使物体造型表现的更加生动、活泼。由于曲线的造型没有一个比较固定的形态，所以在利用曲线进行构图时，关键要看摄影者去如何把握和表现物体的这种形态。

经典构图之三角形构图法

　　三角形属于相对均衡、稳定的形态结构，拍摄者可以把这种结构运用到摄影构图中。三角形构图分为正三角形构图、倒三角形构图、不规则三角形构图等。正三角形具有视觉上的稳定性，给人一种安静、平稳的感觉，如高大的山峦。倒三角形与正三角形恰恰相反，在视觉上往往给人一种不稳定、运动的感觉，如金鸡独立的造型等。

 拍摄重点

镜头 标准镜头

曝光 正常曝光

用光 使用自然光作为主光源

构图 采用人像全身构图的形式拍摄

其他 人物与背景相映衬，色彩简洁干净

三角形构图，也称金字塔式构图。三角形构图，可分为正三角、倒三角、不规则三角形构图等。

正三角形如同金字塔一样，两条斜边向上会聚，其尖端有一种向上的动感。它可用于表现高大的自然景物及物体存在的形态。在人像摄影中，这种构图最稳定，在心理上给人以唯美感觉。

倒三角形像"陀螺"一样，在旋转的运动中保持直立不倒，因此它具有一种动态的活力。需要注意的是，在构图时，一定要注意它的左右两边最好要有些不同的元素，形成变化或者对比，这样才能打破两边的绝对平衡，使画面更具有趣味性。

三角形构图一般是以画面的一个竖边为三角形的一个直角边，底边为三角形的另一个直角边。这种构图大都注意被摄物的方向性。景物的运动方向或面向应该对着三角形的斜边，使运动物体的前面或景物的朝向前留有空间。

横幅或竖幅画面中均可选用三角形构图，其特点是竖边直线可显示景物之高耸，底边横线又具有稳固、安定感，并且富有运动感，具有正三角形和倒三角形构图的双重优势，同时左右直角边灵活多变，很受摄影家们的喜爱，所以使用较多。

三角形构图具有灵便性，表现在底边长竖边短或底边短竖边长均可选用，只要三个角中有一个角可形成直角，便可用这种形式构图。

在三角形构图中，等边三角形容易给人留下刻板的印象；不等边三角形则显得自然灵活；而不同形状三角形的结合，可使画面主次分明，疏密相同，富于变化。总之，三角形结构的画面形式是变化无穷的。

人物以简单的姿势坐在草地上，虽然人物的身体是向后仰着的，但是三角形构图却能够将这样的姿势转化为稳定的感觉，画面构成简单，主体突出。
光圈：3.5 快门速度：1/160s
曝光补偿：+0EV 感光度：100 焦距：85mm

利用钢质的楼梯作为框架，从框架中望出去，模特儿正在朝天空望去，远景中钢结构的天花板形成很好的呼应，这种双重视觉引导的三角形构图运用增加了画面的透视感和窥视感，使观者乐于参与欣赏这张照片，也使这张照片更加耐人寻味。
光圈：3.5 快门速度：1/640s
曝光补偿：+1EV 感光度：100 焦距：200mm

本例中的拍摄场景很简单，请模特儿靠在墙壁上，双手呈现放松的姿态，都可以实现三角形构图的拍摄效果。
光圈：11 快门速度：1/400s
曝光补偿：+0.7V 感光度：100 焦距：85mm

第 **7** 章

再现风光之美

风光摄影是大家经常拍摄的题材，在这一章节里面我们就主要讲解一下风光摄影的一些要点以及相关的摄影技巧。

清冷的早晨

！ 晨曦中的光线

　　清晨时分，光线变化很大,几乎是在每分钟里，光线都有变化，所以，我们在拍摄时要根据光线变化的情况，不断测量曝光值，以取得正确曝光。另外，在晨曦中拍摄，往往需要长时间的曝光，为了保证得到高质量的图片效果，三脚架是必不可少的拍摄附件。

拍摄重点

镜头 变焦镜头

曝光 长时间曝光

用光 利用晨曦中的自然弱光

构图 采用竖画幅构图

其他 日出前霞光映衬下的梯田

清晨是最好的拍摄时机，这段时间可以拍摄到富有戏剧性的风光照片。在清晨的时候，光线会有效地勾画出大地的轮廓，使之产生立体感，同时提供令人兴奋的天空色彩和有趣的云彩形状。

选择与日出成直角的景物来拍摄则能为表现风光的形态提供最好的造型，当天空处于半阴状态，云彩高悬于远处上空时，最有可能出现富有戏剧性的景色。

在拍摄清晨的风景时，摄影师还可以借助云朵、天空、湖泊等对象来表现第一道阳光的照射，同时可以借助风景来传达细腻的思想感情。

拍摄清晨的场景时，可以借助太阳周围的云彩或雾气来表现出不同的色彩，同时突出清晨日光的朦胧、微弱。还可以借助海平面、山脉、岩石等拍摄出生动的日出场景。

画面中深蓝色的天空与彩色的云朵色彩对比强烈，更突出了晨光中云朵的渐变色彩，同时在画面下纳入了伟岸的山脉，呈现剪影状的山峦更好地说明了拍摄的时间为清晨日出时分。
光圈：11 快门速度：1/100s
曝光补偿：0EV 感光度：100 焦距：70mm

清晨的色温比较低，很适合展现景物的苍茫之感。
光圈：16 快门速度：1/100s
曝光补偿：0EV 感光度：100 焦距：50mm

上图画面中刚刚升起的太阳阳光还没有完全笼罩在大地上，地面上的一切都是剪影的姿态。只有天边的云在空中肆意地飘浮着。
光圈：16 快门速度：1/240s
曝光补偿：+1EV 感光度：100 焦距：24mm

日上三竿，以同样的曝光值和同样的拍摄地点，拍摄这样一张壮美的油菜花花海的照片，完全就是另外一番景象了。
光圈：16 快门速度：1/200s
曝光补偿：0EV 感光度：100 焦距：28mm

广袤无垠的海面

　　海的美，只有身临其境才会让人产生心灵上的震撼。但我们怎样才能将这种震撼通过相机展现在照片上呢？大海虽然辽阔、浩瀚，如果单单地只拍摄广阔无垠的海面，往往是很难将大海的美展现出来，另外画面往往也会显得单调、呆板，没有生气。所以在拍摄海景时我们可以有效地利用海岸线、岩石、断崖、海峡以及海面上的船只等来衬托大海的美，通过光线与构图形式的结合，来展示大海的辽阔壮观和优美迷人。

 拍摄重点

镜头	广角镜头
曝光	增加一挡曝光值
用光	在午后强烈的日光下拍摄
构图	采用大面积的画面留白拍摄海面
其他	要注意曝光

拍摄海景时，可以将海岸的曲线、海岛、天空等融入画面中，让画面更加生动且富于变化。使用竖画幅拍摄海景，不仅能突出海面的变化，同时也能加强海面的深远感。如果拍摄的画面中再融入一些天空云彩的变化，就能让画面更加丰富。

海滨许多景物都与大陆迥然不同，如海浪拍岸就极具特色。用逆光拍摄浪花，就能产生生动的光斑效果。蓝蓝的海水、光滑的卵石可以反映平静的海岸，用慢快门能反映出宽广而博大的海面。另外，在海边选取景点，尽量选择如蓝天白云、大海、礁石等作为背景。此时因海上景物明亮，一般用小光圈为宜。

摄影者要拍摄大海时，因受自然条件的影响较大，所以最好了解所要拍摄地点的潮汐情况。

对于初学者来说，拍摄海景最简单易学的构图方法就是以水平线构图为基础，根据三分法配置水平线，从而得到比较平衡的构图。当然，还需要注意的是摄影者要避免单独地表现海面和天空，充分利用海中的礁石或者海的形状等元素，并加之光线的运用，会给人意想不到的惊喜。

上图拍摄浪花形成的姿态，使用高速快门将浪花的瞬间姿态记录下来，完美地呈现了水珠凝聚在一起的可爱情景。

光圈：16 快门速度：1/500s
曝光补偿：+1EV 感光度：50 焦距：50mm

上图画面中海螺的位置安排得恰到好处，与远处波涛汹涌的海水形成了鲜明的动静对比，再结合海水的色调组合表现出海景的动态之美。

光圈：5.6 快门速度：1/200s
曝光补偿：0EV 感光度：100 焦距：100mm

上图拍摄的是下午4点左右的海面，使用水平线构图的方式，将天空与海同时纳入画面，整体的蓝色调给人以宁静、深远的感觉，简洁的画面内容突出了大海的特征。

光圈：16 快门速度：1/160s
曝光补偿：0EV 感光度：100 焦距：200mm

技巧提示

在拍摄海滩时，只能从正面进行拍摄的说法是错误的。拍摄者可以尝试从不同的角度拍摄海滩。从接近地面的角度拍摄可以获取沙滩纹理的特写，而高角度的拍摄可以突出海面的壮美。

春季的翠绿草原

　　拍摄春季的翠绿草原，核心要素是色彩和线条的运用。在拍摄时，我们可以通过不同拍摄体之间的色彩对比以及地面起伏的延伸线条来表现草原的深远与辽阔之美。另外还可以借助草原上最常见到的蒙古包以及大片的牛羊来展现那种特属于草原的安逸与悠闲感。

 拍摄重点

镜头 广角镜头

曝光 正常曝光

用光 自然光

构图 采用对比构图突出画面感

其他 利用颜色的反差突出春意盎然的景色

春天总能带给人清新自然的感觉，尤其是草原上充满着绿色，当置身于春的绿色中，一切都显得那样美妙，心情也随之变得愉悦起来。拿起手中的相机将这一刻动人的风景记录下来，作为永久的纪念。

拍摄草原风光最有代表性。在无垠的草原上点缀牛、马、羊等，会给画面增加生气。在拍摄大群牛羊时，要选择高角度，取景时最好把地平线放到画面1/5处，甚至放到画面的边缘处，切莫天空草地各占一半。

拍摄牧场边也很有代表性。在拍摄时为避免牧场给人以空旷感，可将弯曲的河流安排到画面中，这样不仅能美化构图，丰富影调，还给人一种生机盎然的感觉。但在牛羊不多时，用高角度拍摄，会显得零散。这时可改用低角度拍摄，能使羊群与空中的白云连成一体，相映生辉。草原取景的特点是蓝天白云，层次丰富，质感强，若加上偏振镜，可使深蓝的天空更深沉，草原立体感更强。

拍草原人物时要突出他们的典型性，如饱经沧桑的老人，其脸部刀刻斧凿般的皱纹；性格刚强的青壮年、各族艳丽多彩的服饰，都是好的题材。

拍摄春季的草原从构图来说，大多数情况下，我们可以采用横幅构图的手法，然后合理设置景物的比例。比如右侧第三幅照片，摄影师将天空的白云和草地上间隔有序的旗杆放在了横向的两支三分线上，这样不仅增加了画面的稳定性，同时还通过画面中央的远山将画面的视觉效果拉远。还有蓝天、白云、绿草虽然是经典组合，但我们也可以尝试不同色调的组合，会有不一样的效果。

📷 技巧提示

草原摄影的显著特点就是景物的反光率比较平均，容易拍出非常一致的色调，这样就显得画面呆板和空洞，因此我们就要寻找不同色调对比的画面，同时可以选用低角度的方式进行拍摄，以表现景物的轮廓线条，使景物更加开阔、更富有立体感。

这张图片拍摄的是春日的大草原，远处一望无际的山脉令画面深远悠长，画面中大范围的绿色突出了春天的气息。

光圈：11 快门速度：1/150s
曝光补偿：0EV 感光度：100 焦距：150mm

拍摄草原这样广阔的空间，要找到一个合适的主体，也就是画面的兴趣点，否则观者在欣赏时，视线只会在照片上漫无目的地游荡，没有停留。所以要利用任何可能吸引人的物体——比如一条曲折的道路，或是正在吃草的羊群。

光圈：11 快门速度：1/200s
曝光补偿：0EV 感光度：100 焦距：120mm

内蒙古大草原的壮美景象，蒙古包与彩旗飘飘给人以深刻的印象，同时画面中的绿色紧扣"纯"的主题。整个画面清新自然、色彩亮丽。

光圈：16 快门速度：1/250s
曝光补偿：0EV 感光度：100 焦距：200mm

浓雾覆盖的梯田

　　拍摄雾中的梯田时，最重要的就是构图了。画面的构图应注意线条的流畅性以及画面的透气性，将梯田线条的造型、结构与画面自然结合，形成一种自然的曲折美感。还要注意梯田的田埂走向及组合，切忌杂乱无章。在画面的整体构成中，最好为画面留有一定的空白，从而为画面增加一些透气性，使得画面不至于太满。

 拍摄重点

镜头	远摄镜头
曝光	增加一挡曝光值
用光	清晨的自然光
构图	纵向构图展现梯田的壮观景象
其他	选取最佳角度展现云雾笼罩下的梯田

雾有浓淡之分，有平地上的雾和山区上的雾之别。一般来说，只利用浅淡的薄雾来拍摄，很少利用浓雾来拍摄。因为浓雾的能见度低，被摄体的形态不能得到应有的表现。拍摄雾景时，应选择外形轮廓线条好的景物作为画面的主体，主体所占的面积不要太大，这样就可以用大面积的浅色调来突出小面积黑色调的被摄主体，形成强烈的明暗对比，有利于对雾的表现和增加画面的空间感和纵深透视感。在山区拍摄雾中梯田的美丽景象是最好不过的了。

拍摄梯田时，对色彩的选择和设定因人而异，需要反复仔细揣摩。梯田的影调深沉大气，充满梦幻般的感觉。

在丰富的视觉环境中，黑白效果会产生意想不到的效果。拍摄梯田，景深的选择很重要，要充分考虑所摄梯田的视觉效果。一般情况下，要将前景和背景中的所有物体都清晰成像，应根据现场拍摄时所使用的镜头焦距以及拍摄主体与相机之间的距离来控制景深的大小。对于拍摄雾中的梯田，光圈范围应设置在F11—16，可以得到较大景深的效果。正确曝光十分重要，同样的曝光量可以有多种曝光的组合，通过光圈与快门的合理组合来实现准确的曝光，这些组合又可以形成不同的摄影效果。

拍摄梯田一般采用高角度来俯拍，这样能获得非常好的视觉效果。当高角度拍摄时，视线以下的被摄体占据了画面的主要位置，前景被压低，就会产生前景与远景之间被缩短距离的视觉效果。可以增强被摄梯田宏大场面的表现力，增强纵深感。

📷 技巧提示

由于雾具有很高的湿度，在雾中拍摄，摄影者还应注意防止相机受潮。拍摄完毕后，需要对相机进行去湿处理。线条的布局应符合构图要求，合理表现和反映出要传达的主题思想和创作意图。

在山区拍摄雾景时，要注意山上的雾瞬息万变的特点。

光圈：11 快门速度：1/250s
曝光补偿：+0.3.EV 感光度：100 焦距：160mm

一般来说，拍摄雾景的曝光量应在相机正常测光读数的基础上，适当地增加一挡曝光补偿。这是因为雾具有较强的反光能力，相机按正常测光常常会产生曝光不足。

光圈：11 快门速度：1/250s
曝光补偿：-0.3EV 感光度：100 焦距：250mm

逆光下拍摄湖面的质感

！逆光下的水面

　　拍摄平静或激荡的湖水有很多种方法，在这一节中我们就介绍逆光下拍摄静谧的湖面。对于摄影创作来说，逆光的力量不能小觑，它不但可以使那些平淡的景物增加魅力，还可以渲染出我们平时无法想象的奇特效果。在逆光下，水面的色泽会被无限放大，而水面本身较高的反射效果使得镜头前的水面展现出波光粼粼的特色感，给人以美的享受。

 拍摄重点

镜头 长焦镜头

曝光 正常曝光

用光 自然光

构图 纵向构图

其他 加星光镜，逆光拍摄湖面是比较有效的方式

湖泊比大海更显平静，借助湖岸边的树木、山脉等拍摄水面，则更能突出湖面如镜的特征。利用不同色彩的搭配，协调画面气氛，可将风景完美地呈现在画面中。

不少优秀湖面作品都是在日落时分拍摄的。

在日落的时候，波光粼粼的水面倒映出美丽的彩霞，水面上的船只帆影给画面平添了几分生动，而逆光下的水面在夕阳的照耀下变得十分耀眼，这样的景象确实是很不错的摄影题材。拍摄水面倒影会使日出和日落的照片增色，平静的湖面能反映天空中的景物。可以呈现出如镜中一样的影像，而拂过水面的微风总是会扰动这种倒影。在水面上留下条更加耀眼的光线，并从地平线到画面的前景之间勾画出一条光路，当太阳渐渐下落时，这条光路会延伸到你的眼前。所以，在拍摄湖水的时候首先需要注意的是构图的因素。按下快门之前，是不是已经将水平线摆好了位置？是不是已经将需要的景物都包含进去了？这些都是值得注意的问题。测光的时候，一般是选择平均测光模式，这样才能使整个画面的光线分布均匀，不至于过曝或者欠曝。

我们知道，江、河、湖、海尽管其外部形态各具特色，但是基本构成成分都是水。

因为水面具有较高的反射率，所以在一般情况下水面比较明亮，当阳光照射与照相机镜头形成一定夹角时，在画面中会形成强光反射。

也可以利用其他光线形式拍摄水面，在同一水域，在顺、侧、逆三种不同光线照射下，其水面颜色不一样。例如，在顺光或者顺侧光照射下，绿色水面的色彩十分浓艳；在侧光照射下，绿水的饱和度会降低，水面波浪的起伏线条及明暗反差较大；在散射光照射下，水面均匀受光，绿色的色彩比较淡雅柔丽，没有明显的反光。

拍摄夕阳下的水面，金黄色的天空映衬着水面，倒映在水中的太阳形成一条由远及近的光路，水面在逆光的效果下显得波光粼粼，煞是好看。
光圈：16 快门速度：1/500s
曝光补偿：−1EV 感光度：100 焦距：90mm

夕阳下的湖面，如使用荧光灯模式白平衡，使得画面更暖；如使用白炽灯白平衡模式，夕阳与湖面会表现出一种安静的蓝色，而且暖色部分也被表现出来。
光圈：11 快门速度：1/200s
曝光补偿：−0.3EV 感光度：100 焦距：18mm

水无定形且变化无穷，除江边、河边、海边等水与陆地交界部分受地形线条决定形成明显线条外，其水面线条（水纹、水线等）与静态景物相比不稳定。
光圈：16 快门速度：1/160s
曝光补偿：−0.3EV 感光度：100 焦距：200mm

山间的瀑布

拍摄瀑布要抓其"势"。不同的瀑布有不同的拍摄手法。如果瀑布宽大而曲折，可采用较低的角度取景，由下而上进行仰拍，这样可真实记录其宏大跌宕的气势。如果瀑布水势潺　，貌不惊人，可采用降低快门速度，让流水完全呈动态。

 拍摄重点

镜头 广角镜头

曝光 增加一挡曝光值

用光 利用阴天下的自然光拍摄而成

构图 纵向构图体现瀑布流水的韵律感

其他 注意掌握快门速度

不同的光照角度，可导致瀑布水流的色彩变化，如在清晨旭日或傍晚夕阳的辉映下，瀑布流水的受光面会呈现出一片金黄色。往往用眼观察白色的流水，只能感到明暗深浅的影调差异，看上去很平淡，但由于光照不同，拍摄效果也不同。比如，正面光使瀑布流水表现为耀眼的白色，但因缺乏光彩对比，显得较平淡；侧光和顶逆光使瀑布流水的受光部分表现为白色，阴影部分表现为浅蓝色与蓝色，相互映衬，流水质感晶莹闪耀；逆光拍摄，流水往往受不到阳光直射而处于悬崖等景物的阴影中，瀑布流水呈深蓝色。另外，拍摄点的远近选择，也会让拍摄呈现不同的效果，近景反映其动势，全景表现其气势。

瀑布的水流速度很快，当摄影师需要将流动的水以动态的效果展示出来时，可以在拍摄时适当减慢快门速度，同时减少曝光值，即可将流动的水拍摄出如丝般的动态美感。

📷 **技巧提示**

拍摄时影响影像清晰的因素还包括手持相机拍摄时是否发生抖动。一般情况下，快门速度越慢，手持相机拍摄造成影像模糊的概率越高。不过拍摄运动的物体，有时为表现某种柔和的效果，也会使用慢速快门，这时可借助三脚架来拍摄。

慢速快门记录动态水流。在拍摄小型瀑布时，将快门调慢，使用慢速快门将水流如丝般的动态效果记录下来，更显水流细腻柔和。
光圈：16　快门速度：1/10s
曝光补偿：−0.3EV　感光度：100　焦距：28mm

上图拍摄是以瀑布的落口为中心，借助瀑布的三角形造型进行构图。瀑布的落差与两侧的山石形成鲜明的对比，营造出了画面的落差感和距离感。
光圈：16　快门速度：1/2s
曝光补偿：−0.3EV　感光度：100　焦距：30mm

高速快门捕捉水花凝固效果。使用高速快门捕捉瀑布倾泻而下时溅起的水花，将这一瞬间水花呈现出的凝固形态记录下来。
光圈：16　快门速度：1/250s
曝光补偿：+0.3EV　感光度：100　焦距：35mm

雄伟的冰雪山脉

！ 漂亮的雪山

　　山作为风景拍摄题材之一，被广大的摄影爱好者所喜爱。而雄伟的冰雪山脉更具有震撼感。那么怎样才能将不同的雪山景色完美地呈现在画面中呢？这就需要拍摄者根据实际情况，采用适当的视角、拍摄距离、光线等进行取景构图，以便完成好的作品。

 拍摄重点

镜头 广角镜头

曝光 增加一挡曝光值

用光 柔和的散射光

构图 寻找最佳拍摄地点

其他 在阴天下拍摄雪景需要仔细推敲曝光量

拍摄连绵起伏的雪山，从远处观看时，会给人以更多的美感，不同的雪山具有不同的轮廓造型，借助其轮廓线条，可以勾勒出山峰或雄伟、或圆滑、或起伏的效果。合理借助光线及背景来突出雪山的轮廓，是完美呈现雪山造型的重要因素。

对于摄影者来说，拍摄山景并不是简单的事情。由于山的形状多种多样，海拔相对来说也很高。如果摄影者只是以平常看山脉的角度，在山脚下仰拍山景，那么得到的画面效果将平淡无奇。大多数情况下，要拍摄令人难以忘怀的山景，摄影者首先要进行一番攀爬，然后站在与所要拍摄山峰的同一高度举起相机，此时摄影者就能完全感受到山峦重叠、错落有致的高山景色，这样拍摄出的画面也就有了层次，效果就会很好。

对于风景照片来说，画幅的选择很重要。不管是横幅还是竖幅，摄影者都要根据自己的拍摄意图来进行选择。而对于山景的拍摄亦是如此。比如，当摄影者想较好地展现山脉的延伸、广袤，以及山脉的波浪式线条时，可以利用相机横拍；当摄影者想表现山峰的高大和险峻，并且加强画面的纵深感时，可以利用相机竖拍。

拍摄山景时，画面多以天空为背景，天空占据画面的大小不同，产生的画面效果也就不一样。在画面中，如果山体上空有美丽的云层，摄影者可以考虑使山体占据画面的1/3，或者天空和山体各占画面一半的构图形式，使其交相呼应。

📷 技巧提示

　　选择拍摄位置也得讲究，不同的高度，不同的方向、角度产生的画面效果也不同。一般来说，拍摄点宜选择高一点，并且以站在此山拍那山为好。因为若在山底下或在山腰中拍山峰，往往看不到山顶，或由于透视变形的原因，原来峻峭的山峰会显得既不陡也不高。山麓边如有湖泊，站在湖边将高山与它在水中的倒影一齐摄入画面，常能有效地渲染、夸大山峰的高耸和气魄。在构图上，拍山景倒影的画面时，山景不妨撑足一点，从而造成山势雄美的景象。

摄影师采用远景取景的方式，捕捉远处连绵的雪山，画面中雪的白色、天的蓝色与土地的黑色构成了画面的色彩，简单的色彩使画面更庄重。
光圈：16　快门速度：1/5s
曝光补偿：+0.3EV　感光度：100　焦距：200mm

由于山脉本身的棱线非常明显，所以摄影者可以利用山脉的曲线来进行一定的构图。
光圈：16　快门速度：1/8s
曝光补偿：+0.3EV　感光度：100　焦距：80mm

此时，不仅画面的平衡感得以体现，而且山脉的整体意境也得以表现。
光圈：16　快门速度：1/15s
曝光补偿：+0.3EV　感光度：100　焦距：280mm

童话般的冰雪世界

在冰雪的世界里缺少颜色的变化，但却能给人以纯洁、干净、安宁的视觉感受，在拍摄时，借助冰雪营造的特殊效果，可拍摄出具有不同意境的画面。在大雪过后的地面上，一切杂乱的物体与颜色都被白色的积雪所覆盖，整个大地一片苍茫的白色，只留下高低起伏的线条，简洁而明了，如果在逆光下拍出被光线勾勒的线条来，就会富有层次与纵深感。

拍摄重点

镜头 广角镜头

曝光 加一挡曝光

用光 使用侧逆光

构图 使用了三分法构图和九宫格构图

其他 以低角度表现冰雪世界的魅力

雪景的特点是,白雪反光极强,亮度极高,它与暗处的景物相比,明暗反差对比强烈。这一反差级数是远远超过感光片的宽容度的。拍摄时,如果不充分考虑到这一特点,画面的影纹和层次就要受到损失,拍出的照片或是白雪曝光过度,一片死白;或是暗处景物曝光不足,没有影纹,所以拍雪景时,既要反映出雪的特点,又要照顾到雪与其他景物的反差问题。

拍雪景不宜采用阴天常用的散漫光或顺光,因为这种光线不利于表现雪的质感。一般多采用侧光、逆光或侧逆光。使用侧光或逆光时,阴暗部分最好加用补助光,可用闪光灯、反光板,或利用周围环境中的白色反射物。

曝光时,应以主体作为曝光的依据。如果画面中以人物为主,应以人物的亮度作为曝光的标准,适当照顾雪景;如果以雪景为主,应按雪景亮度曝光。如需要人与雪景兼顾时,可考虑折中。为了降低雪与暗处景物的反差,可采用增加曝光,同时减少显影的办法。增加了曝光量,可照顾暗处的影纹密度;而减少显影时间,又可抑制亮处影纹密度的显现。这种办法可以在一定程度上减弱雪景的反差。一般曝光量可增加一挡到两挡,显影时间最短不可少于正常显影时间的1/3。

拍摄漫天飞雪的景致时,快门速度不要太快,一般在1/60s以下快门可使飞舞的雪花形成一道道线条,有雪花飘落的动感。要选用深暗的景物为背景,这样才可以把白色雪片衬托出来。另外,利用带雪或挂满冰凌的树枝、树干、建筑物等为前景,可以提高雪景的表现力,这些前景不仅能使画面产生变化,增加空间深度,而且能增强人们对雪景的感受。

📷 技巧提示

在雪地里,周围特殊环境的影响往往使数码相机的自动白平衡功能并不能十分准确,而手动调整的精确程度要胜过自动调整,所以这个时候最好采用手动功能来调整数码相机的白平衡,这样拍摄的照片色彩才能被正确还原,才最真实。

一般来说,拍摄雪景的曝光量应在相机正常测光读数的基础上,适当地增加一挡曝光补偿。这是因为雪具有较强的反光能力,相机按正常测光常常会产生曝光不足。
光圈:16 快门速度:1/80s
曝光补偿:+1EV 感光度:100 焦距:24mm

雪是洁白的晶体物,它散下或积聚在景物上时,景物中色调深浅不一的物体都被它遮盖而成为白色的物体,因而雪景就是白色部分较多的景物,可给人以洁白可爱的感觉。
光圈:8 快门速度:1/10s
曝光补偿:+0.3EV 感光度:100 焦距:24mm

由于雪景会反射大量的阳光,所以正确调整曝光是拍摄雪景的一个关键问题。
光圈:11 快门速度:1/120s
曝光补偿:+0.3EV 感光度:100 焦距:35mm

明媚的夏日风景

夏季能够带给人们很多美景，像风、雨、水、云、山林、幽谷等，处处都散发着诱人的美丽景色，在这一节中我们就来将这浪漫的夏日美景定格在我们的画面中。夏日的光线直射效果强烈，空气的透气性也很好，所以拍摄出来的画面干净、透彻，光照的对比性也很强烈。

 拍摄重点

镜头 广角镜头

曝光 正常曝光

用光 自然散射光

构图 利用广角镜头所产生的透视展现画面的纵深感

其他 拍摄山间的溪流时拍摄速度的控制

夏季是一个五光十色、色彩缤纷的季节，花红柳绿、山明水秀的自然环境为我们提供了绝佳的拍摄条件，风光摄影在这个季节是非常好的拍摄题材。

夏季日照时间长，这为风光摄影提供了极大的方便，但夏季太阳光照射强烈，所以拍摄时间选择在上午10点前或下午3点后为宜。正午前后4个小时内的光线多接近顶光，是摄影创作的忌用光线，因为这时的日照太强，会使作品反差过大，且容易造成曝光过度。如一定要拍，应减少曝光量或者在镜头前加装中灰滤色镜来减弱强烈的日光照射。

夏季气候多变，有时晴天也会下雨，这正是拍摄清新秀丽的风景的大好时机。在雨中，景物改变了日常的面貌，路面泛出光亮，花卉青翠欲滴，这一切都充满了魅力。如果拍摄雨后的夜景，更能使画面显得流光溢彩。

夏日的荷塘最具画意，既可拍摄远景也可拍摄特写，这时应采用逆光或侧逆光，以便更好地表现荷花的质感和层次。

夏日拍摄林中的风景，由于光线穿过树冠，使地面斑驳陆离，光的强弱差别较大，会造成曝光困难。所以，应采用几挡不同的快门速度进行拍摄，这样就可以避免复杂的环境光线造成的曝光失误。

水多则云雾多，拍摄夏季风光时，常有云雾相伴，由于天空的蓝紫光线最亮，拍摄时容易造成曝光过度，使天空失去应有的层次，云彩也就不明显了。因此，拍摄天空需要加用滤色镜或偏光镜，以压暗天空，突出云彩。夏日的云瞬息万变：暴雨前的云惊心动魄；暴雨后的云清新如梦；早晨或傍晚的云有时色彩绚丽，有时凝重深远。只要及时观察，加上自己大胆的想象，就能拍出好作品。夏日拍云还可与周围景物协调拍摄，如山峰上常出现伞形云，山谷间常出现浮云，若与山下的景物相结合，则更能展现美不胜收的夏日景色。

正午时分拍摄的夏日风光照片，湖面以及白云的颜色表现纯正。
光圈：16 快门速度：1/250s
曝光补偿：0EV 感光度：100 焦距：24mm

并非名山大川才会有美丽的夏日景色，美景随处可见。在公园中拍摄争相绽放的荷花池，营造出一片盛夏时节的优雅天堂。
光圈：11 快门速度：1/160s
曝光补偿：0EV 感光度：100 焦距：120mm

夏季由于强烈的阳光照射，拍摄时如不注意很容易造成照片反差过强。
光圈：13 快门速度：1/180s
曝光补偿：0EV 感光度：100 焦距：50mm

神秘迷人的树林

！ 透过树叶缝隙的光线

　　在拍摄树木时，不管是利用树木作为风景中的焦点，或是把它们本身当作画面的主体，它们都是值得拍摄的目标。为了拍摄好树木，我们要充分利用它们千变万化的枝干形状以及外形精美、色彩丰富的叶子。

　　置身于树林中，光线透过树叶的缝隙照射到地面上，形成了条条缕缕的发散状光线条纹，给人一种梦幻般的视觉感受。

 拍摄重点

镜头 中焦镜头

曝光 降低一挡曝光值

用光 自然光

构图 框架式构图展现树木的神秘感

其他 重要的是如何刻画树林中倾泻而下的阳光

利用树木表现气候，反映季节。自然景色随季节气候的变化给人以不同的感受，主要是依靠树木表现出来的。比如以柳丝轻扬表现风和日丽，以大树摇曳描绘山雨欲来。

树木有助于构图，树木在画面上的位置处理，关系到画面构图。比如远近的关系、疏密的布局、俯仰的取决、大小的安置、色调的对比等，都必须在取景时慎重斟酌。另外，垂帘式的枝叶可以美化画面，它将树木置于前景，它那优美的姿态，疏密相宜，既平衡了画面，又起到了装饰美的作用。

正确运用光线能够表现好风景片中的树木，采用侧光拍春天花树的风景片，可使树干与花朵形成黑白分明的爽朗影调，具有欣欣向荣的感觉。用逆光拍树木的姿态，可以树木为主题，将浓黑的枯树或刚健枝叶拍成美丽的剪影。运用顺光或散射光拍摄雾中树林，可以得到异常丰富的影调层次，用以表现雾中的远景树木风景，也可获得影调柔和而典雅的高调片。可见，对不同条件和环境采用不同的光线，就能把风景中的树木表现得恰到好处。

森林的景象随着不同的季节而变化，有不同的色调和疏密程度。拍摄森林时，摄影者首先要弄清楚是在什么环境下拍摄，想得到什么样的感觉，是看起来阴暗还是明亮，是颜色艳丽还是色彩淡雅；是表现整体还是突出局部特征等。

烟雾迷漫的气氛，可造成景深与浓密度的微妙变化，把我们经常看到的景象变成像梦一般的美景，再加上柔和的色调和散漫的阳光，可以产生如画似的品质。

光圈：10 快门速度：1/20s
曝光补偿：－1EV 感光度：100 焦距：35mm

在拍摄树木时，可以尝试利用逆光摄影的方式来得到眩光效果，以表现树林的神秘感。

光圈：11 快门速度：1/125s
曝光补偿：0EV 感光度：100 焦距：28mm

我们可以采用简单的构图来拍摄一棵树，如上图这棵树不在画面的中央，给原本静态的画面增添了一些动感。有时也可以利用色彩的对比来打破画面单一的颜色，从而达到使主体树木更突出的目的。

光圈：16 快门速度：1/250s
曝光补偿：0EV 感光度：100 焦距：135mm

金灿灿的秋景

　　秋天是个富有戏剧性变化的季节，也是代表收获的季节，此刻的树林早已铺满了金黄色的树叶，而郊外的农场也早已满是收割的景象，这样的季节，充满了富有震撼力、具有乡村气息的色彩。

拍摄重点

镜头 中长焦镜头

曝光 正常曝光

用光 自然光——逆光

构图 垂线构图展现树木的挺拔感

其他 利用散射光拍摄，局部色彩饱和度更高秋天的景象呈现于人们眼中的总是满眼的黄与红，充满着丰收的喜悦。晴朗辽阔的天空下，艳丽的色彩更添秋日的气氛，不同的色彩搭配，会让景色更加美丽动人。

要拍摄美丽的秋日，我们可以利用秋天的落叶或丰收的果实来展现我们所表达的主题。尤其是在拍摄落叶时，摄影人可以降低相机的位置采用低角度构图拍摄，这样不仅能够更加细致地描绘出落叶在地面上的痕迹，而且还会使画面富有一定的远近感和临场感。

另外，在表现秋日场景时，摄影者还要学会寻找有利于表现主体的载体，如树木、道路等。除了单独表现落叶外，摄影者还可以通过交代整体的拍摄环境来加深人们的印象，同时给人身临其境的感觉。在交代环境的取景过程中，摄影者要注意使画面的视觉因素互相照应，通过画面上下物体的对应关系，给人一定的视觉空间感和故事情节性。

除了用落叶表现秋日美景外，还可以选择其他的场景，秋日的丰收景色比比皆是，都可以作为素材的拍摄对象。

在拍摄秋季的森林时需要找出兴趣点，它可以是笔直的树干、一条蜿蜒的小径等。不管是什么构图方法都要以能够引导观赏者入画为前提。
光圈：8 快门速度：1/160s
曝光补偿：−0.3EV 感光度：100 焦距：70mm

秋天是收获的季节，以广角镜头拍摄玉米丰收的美好景象，能够突出画面主题。
光圈：16 快门速度：1/125s
曝光补偿：0EV 感光度：100 焦距：16mm

拍摄银杏等树叶时，大光圈和长焦镜头的利用能够进一步虚化背景，从而更好地突出主题。上图就采用了利用大光圈进一步虚化背景的方式，突出了银杏叶的美丽颜色。
光圈：1.8 快门速度：1/480s
曝光补偿：0EV 感光度：100 焦距：50mm

展现雄伟的建筑

　　建筑摄影主要是为了展示建筑物的规模、外形结构以及建筑物的局部特征等，其特点是：被摄对象稳定不动，容许长时间曝光。另外，还可自由地选择拍摄角度，运用多种摄影手段来表现对象。

 拍摄重点

镜头 广角镜头

曝光 正常曝光

用光 自然光——侧光

构图 纵向构图展现建筑物的雄伟之感

其他 可以尝试使用不同的拍摄角度，以展示建筑物的魅力拍摄建筑并不那么容易，在拍摄之前要观察光源。还要考虑建筑周围的环境，这是因为建筑需要衬托才显得生动。富有个性的建筑摄影，可以表现在建筑的使用功能、规模、形体上，也可以表现在材料的质感和色彩上。

拍摄建筑照片时，要防止因建筑物高大、镜头仰射而出现的变形现象。在表现建筑物的全貌时，要注意建筑物与建筑物之间的关系。正面角度拍摄，适于表现建筑物的规模，对称结构特点，但缺乏深度。采用斜侧角度时，可表现建筑物的景深和立体感。正面光照射时，建筑物接受平均照明，光线平淡无力，缺乏立体感。因为太阳光以45°照射时，明暗对比鲜明，立体感强，所以一般适宜在早晨或傍晚拍摄。

当摄影师取景时，只有当相机保持水平，建筑的垂直线才会在照片中保持垂直，其透视关系才会有绘画中的一点或二点的透视效果。如果相机向上仰拍，虽然建筑的顶部被摄进了画面，但原本垂直地面的线条却会向上会聚，摄影中把它俗称为"透视变形"。所以可以使用广角或超广角镜头刻意突出倾斜线来表达视觉的冲击或戏剧性构图。或者使用长焦镜头压缩画面，使变形减少，让画面更富层次。对于取景，竖幅画面拍摄有利于表现建筑物的高大雄伟，或街道的纵深感，横幅画面拍摄能较好地表现建筑群的林立。

上图在取景时同时纳入了各具特色的建筑物，增强了画面的对比。不同建筑在画面中布局错落有致，令画面透视感强烈，同时简洁的夜色背景也使被摄主体的建筑更加突出。
光圈：8 快门速度：1/5s
曝光补偿：0EV 感光度：100 焦距：24mm

以低角度超广角镜头拍摄小型教堂式建筑，可以突出建筑物本身的伟岸之感，令画面寓意更加明显。
光圈：13 快门速度：1/180s
曝光补偿：0EV 感光度：100 焦距：18mm

上图采用横幅构图的方式，同时采用平视的角度进行取景，整个画面的线条丰富而不杂乱，更好地呈现了建筑的简洁特征。
光圈：11 快门速度：1/160s
曝光补偿：0EV 感光度：100 焦距：160mm

霓虹灯下多彩的城市景观

❗ 美丽的夜色

　　在美丽的夜色下，灯火阑珊、展现着流光溢彩的魅力，人们在欣赏夜景时，时常忍不住美景诱惑，举起手中的照相机把它们摄入画面中，在这一小节中我们就来讲述如何拍摄霓虹灯下迷人的城市景观，以及夜晚的拍摄方式和注意事项。

📷 拍摄重点

镜头 长焦镜头

曝光 增加一挡曝光值

用光 夜晚建筑物的灯光

构图 纵向构图展现建筑物在夜晚的恢宏之感

其他 清晨，从侧面进行拍摄

在拍摄夜景建筑时需要使用三脚架、快门线等器材。城市建筑夜景的光源有灯光、月光、建筑物轮廓光、装饰光等，照度通常较低，往往需要长时间曝光，可借助测光表测出曝光值，采用一次曝光、多次曝光和包围曝光方法拍摄。要注意的是多次曝光次数不宜过多，曝光次数过多容易引起光迹混乱，反而破坏了画面。要善于利用器材，如用星光镜拍摄建筑物的灯光或者汽车车灯，可以产生光芒四射、五彩缤纷的效果，有利于渲染夜晚的气氛；如利用特殊天气和场景拍摄城市建筑。在取景构图方面，首先要安排合适的拍摄距离，选取最佳拍摄角度。如果拍摄建筑群，则需要攀登上另外一座高楼或者其他制高点以俯视的角度拍摄，表现其宽广、深远。构图时不要把前景中过于明亮的强光源纳入镜头，避免破坏画面气氛。

拍摄夜景建筑物的时候，选取的后景或前景不宜过多、过杂，否则会影响突出主体和表达主题；留有一定的天空作为背景，调子应当暗淡一些，既反映了"夜"的特点，又使被拍摄主体不至于太满。
光圈：4 快门速度：1/15s
曝光补偿：0EV 感光度：100 焦距：17mm

如果只拍摄一座建筑物，宜在建筑物前方一段距离安放三脚架和相机，采用仰视的角度拍摄，反映其高大、雄伟之感。
光圈：3.5 快门速度：1/10s
曝光补偿：0EV 感光度：100 焦距：17mm

动感的车流

车流是城市夜景拍摄的亮点之一，也是非常经典的夜间拍摄对象，车流的景观很容易找到并且拍摄起来非常有趣，创意性也很强。在拍摄动感的车流时，我们最常用的手段就是慢速度拍摄，记录车灯运行的轨迹，从而营造出一种灯火辉煌的城市道路景观。

 拍摄重点

镜头 长焦镜头

曝光 增加一挡曝光值

用光 夜色加上车灯

构图 曲线构图展现车流的流线感

其他 注意保持相机的稳定性

拍摄车流需要的就是一个有车流经过的位置以及一个稳定的三脚架。采用较高的拍摄位置，如天桥或屋顶，是因为这样的位置可以从上向下查看车流经过画面后形成的光线图案，而不是在眼睛的高度查看。拍摄汽车前灯和尾灯的图案只需要让快门打开较长的时间，从而记录下有趣的光线痕迹。当然，如果拍摄双向道路上的车流，可以同时获得前灯和尾灯的光线痕迹，并且通常前灯会让场景很亮。如果能够找到一个好的拍摄位置，让车流都向远离您的方向驶去，就无须担心画面两侧会出现亮度不均衡的情况了。

进行曝光时，要将相机设置为手动曝光模式，为此使用锁定快门非常有用，这样就可以让快门打开所需的任意时间。如果相机没有手动曝光模式，那么只能使用相机提供的最长快门速度，通常也能得到不错的效果。曝光时间并不是最关键的，通常设置小光圈(从f/22开始)，从而获得很好的景深，然后让快门一直打开，直至捕捉到出色的车流照片。

在照片上表现好夜间的车灯光迹，首先要掌握汽车灯光在道路上的表现特点。在多行车道上拍摄，画面上白色光迹和红色光迹并存，车道越多，光迹就越多，画面效果就越好，越丰富。在夜间摄影用长时间曝光的方法，让来往车辆的灯光在相机中多次感光，使画面上出现无数条车灯线的光柱，从而取得车辆纵横、交通繁忙的效果。

光圈：18 快门速度：3s
曝光补偿：0EV 感光度：100 焦距：22mm

最理想的视点是站在高处，能够俯视整条马路，设在道路的拐弯处，能更好地表现道路的全貌，车灯光迹蜿蜒连绵，富有美感。选好拍摄地点后，架上三脚架，等待合适的时机进行拍摄。

光圈：20 快门速度：5s
曝光补偿：0EV 感光度：100 焦距：25mm

第 8 章

再现人像之美

人像摄影是摄影中最常见的题材之一，拍摄者运用人物造型结合，画面故事情节设计构图，并完全用光等技巧便可展现人物美好的一面，深入刻画人物的内心世界，美化人物，突出人物性格、情感等。本章我们来学习有关人像摄影的一些知识。

顺光下表现人物细节

顺光就是指从相机方向照射到被摄者身上的光线，这种光线可以使人物的面部受光均匀，并如实地展现出人物的五官、皮肤、发型等基本特点。但是顺光下人物较为平淡，不容易产生阴影，使得人物的立体感比较弱。

拍摄重点

镜头 长焦镜头

曝光 正常曝光

用光 以自然光为主

构图 以人物的站立位置为趣味中心点

其他 顺光如实地展现人物的基本特点

顺光即是光线向人物的正面投射的光线形式，这种光线让人物的大部分形体都得到足够的光照，而且强度比较平均，所以不会在人物的脸上形成明暗的对比。

由于光线是从正面方向均匀地照射在被摄体上，被摄体受光面积大，阴影也比较少。顺光时拍摄测光和曝光控制相对比较容易。即使是使用相机的自动曝光系统，即平均测光都可以获得理想的效果，一般不会出现曝光上的失误。

顺光拍摄，比较适合拍摄特写和近景这样的小景别，在写真类的人像中使用得很多。因为它可以具体地表现人物的每个细节和层次。有时这种最直接、最直白的描述效果往往比那些故意做出来的好很多。在顺光的条件下，被摄者表面不易产生阴影，因而会对被摄者的皮肤质感描写得恰到好处。

在使用顺光拍摄人像时，尽量寻找背景深色或能突出主体的表现形式，有时候为表现出天空的湛蓝色，也多采用顺光。

但顺光拍摄时被摄体侧面不容易产生阴影，缺乏立体感。摄影虽然是把立体的景物置换成平面的图像，但如果画面中缺乏立体感，图像就会显得平淡、缺乏艺术性。还要注意的是使用顺光拍摄时曝光不可过度，一般使用平均测光就可以获得理想的效果。

上图采用顺光拍摄人像，顺光照射下人物五官层次丰富，细节真实。为避免顺光拍摄使画面立体感较弱，模特儿人物肩部呈现一高一低的姿态，避免身体正对相机，通过这种变化增加画面的空间感和立体感。

光圈：11 快门速度：1/125s
曝光补偿：0EV 感光度：100 焦距：70mm

技巧提示

受顺光照射的人物立体感不强，只适合拍摄女性，这种说法未免有些失误，因为使用顺光拍摄儿童、情侣等题材，可以表现温馨、恬静的画面感受。

首先应选光能照到脸的地方，让人看上去容光焕发、光彩照人，美化脸部，然后再选周围的景。

光圈：2.8 快门速度：1/200s
曝光补偿：0EV 感光度：100 焦距：70mm

侧光突出人物立体感

　　侧光是指从被摄者一侧照射到被摄者身上的光线。利用侧光照射的被摄者一半亮、一半暗，给人以强烈的视觉印象。这种光线也多用来拍摄男子肖像，给人以硬朗、强壮、有力、安全的感觉。另外，很多戏剧性的光线都来自侧光，如想表现漂亮的影子，也可以选择这种光线。

拍摄重点

镜头 50mm定焦镜头

曝光 正常曝光

用光 利用落日的光线，表现侧光影像

构图 黄金分割构图

其他 落日的余晖衬托靓丽的人物

　　纯粹的侧光通常不适用拍摄女性，这是因为这时的光源从侧面投射，使人物面部一半受光，一半处于阴影中，产生的效果被人们称为"阴阳脸"。

　　使用侧光拍摄一定要注意少用硬光，因为数码相机的宽容度很低，如果使用硬光，则人物处于暗侧的面部细节将得不到任何体现。侧光能够拍摄的景别很多，大景别所能体现的感受更强烈；而小景别则能够使被摄者变得瘦一些。在拍摄大景别的时候，如果能够利用好光线所产生的阴影，就能使画面的表现效果更强烈。

　　前侧光是由侧光演化而来的一种人像造型光线，这种光线可照亮在人物的大部分，光线的过渡感较强，比较适合人物的造型。使用前侧光拍摄，可以使人物转向光源的方向，这样人物面部的立体感会增强，能使光线的过渡更自然。

　　注意选择人物面部明暗的过渡区域进行测光，这样才能得到人物面部的所有层次。它能使被摄者的面部呈现出明确的阴影。这对于表现被摄人物的个性来说，是非常好的一种光线。

　　而侧逆光是从逆光变换出来的，其特点是指能照射到人物面部的某点上，而其余大部分都是不受光。它从侧后方照亮人物的头发，使之在逆光中呈现某种表述，而且这种光线并不会将人物正面细节隐去。侧逆光拍摄时，如果测光点在人物面部被照亮的部分，曝光一定要过曝一级左右，这样才能保证人物面部的细节不被掩盖。景别也最好选择在中景以下，因为全景不能很好地体现侧逆光的光感，相反拍摄近景或者特写时，用侧逆光来表现时则比较充分和生动。

上图使用一盏闪光灯从侧光位置照射，画面中人物的面部立体感较强，人物头发质感的表现非常到位，画面细腻。
光圈：8　快门速度：1/125s
曝光补偿：0EV　感光度：100　焦距：70mm

侧光与相机拍摄方向呈90°角，可以使人物身体的1/2完全处于阴影中，画面影调厚重，适合表现富有个性的女性。
光圈：11　快门速度：1/125s
曝光补偿：0EV　感光度：100　焦距：135mm

逆光展现魅力光线

! 逆光效果

逆光即从被摄体后方照射的光线。从被摄体正面看，被摄体轮廓光显得非常明亮，闪烁的光辉很漂亮。逆光拍摄人物时由于处于阴影中而使人物正面很暗，因此，要做的是尽量让脸部曝光准确，要用反光板或闪光灯进行补光。

 拍摄重点

镜头 中焦镜头

曝光 正常曝光

用光 逆光拍摄展现人物的朦胧美

构图 全身构图拍摄人像

其他 逆光也是风光照中最具特色的光线

逆光是指光源在人物后方的光线形式，这种光线使人物的正面不能得到正常的曝光，从而失去了人物的细节层次。但是这种光线形式容易勾勒出人物的轮廓，对于体现动作和形体极为有利。

逆光拍摄只适合中景以上的景别，比如全景或远景。因为这样的景别除了能够体现人物的形体外，还能够对环境进行一定程度的体现，以丰富画面的内容。逆光能给被摄体轮廓镶上一条夺目动人的金边，如果处理适当，能创作出一种独特的美感，拍出充满戏剧性效果的光影感觉。

用逆光拍摄剪影效果时，光线的投射角度越低，拍摄出的剪影效果就越明显，而光线的投射角度越高，拍摄出的剪影效果就越不明显。所以时间最好选择在日落时或者清晨，这时拍摄出的剪影效果是最明显的。而其他环境或其他时段的光线拍出的逆光效果，则不是那种纯剪影效果。在使用逆光拍摄剪影的时候，测光点选在哪里关系到拍出的效果。如果要得到纯剪影效果，测光点可以选在人物身体的边缘，因为那里的光线是整个画面中最亮的部分。如果要得到纯剪影的逆光效果，测光点可以选择在被光线照亮的头发或者是人物的面部。这种逆光效果在写真类人像中是比较常见的。在拍摄逆光照片时，如果按背景测光或者是按自动程式曝光，往往会曝光不足，一定要注意曝光补偿或是补光，补光可以用反光板或是闪光灯。

逆光将美女的飘逸的头发染成金黄色，并将其身体勾勒出一条明亮的轮廓线，为画面增添了趣味性。
光圈：2.8 快门速度：1/200s
曝光补偿：+0.7EV 感光度：100 焦距：50mm

逆光拍摄时可能会出现眩光现象，摄影师可借助被摄者的身体遮挡强光，避免直射阳光进入镜头。
光圈：2.8 快门速度：1/250s
曝光补偿：+1EV 感光度：100 焦距：200mm

图中位于人物在上角的阳光将人物身体照亮，形成明显的发丝轮廓光，使人物与暗色背景分离，突出人物轮廓，增加画面空间感。
光圈：4 快门速度：1/500s
曝光补偿：+0.7EV 感光度：100 焦距：70mm

逆光用于勾勒人物身体的轮廓线条，利用这样的光线可以突出人物流畅、柔美的身体线条，增强画面空间感。
光圈：5.6 快门速度：1/125s
曝光补偿：−0.3EV 感光度：100 焦距：50mm

硬光表现女性的强势

！ 硬光下的人像

　　所谓硬光，就是指那些能够在人物面部产生强烈的明暗对比以及阴影的光线。这种光线下亮部清晰，阴影浓重，在这种光线下拍摄女性人物时，会带给人一种狂野、桀骜、另类的视觉观感，能营造出一种特有的女性强势之感，也是时下很多杂志等比较青睐的人物表现手法。

 拍摄重点

镜头 标准镜头

曝光 正常曝光

用光 室内影室灯布光

构图 以人物动感的姿势展现人物时尚感

其他 注意控光，不要产生过于夸张的阴影

直射光通常称为"硬光"，一般是指没有云彩或其他物体遮挡的太阳光，或是直接照射到被摄体上的人造光，如照明灯、闪光灯等。直射光照明下的被摄体，受光部分和阴影部分的光比较大，亮部清晰，阴影浓重，画面反差强烈，立体感强。

硬光的最大特点就是能产生明确的阴影，难点是控制画面明暗的反差和画面的光比。女性的拍摄一般都将光比控制在1：2左右，但是在使用硬光拍摄的时候光比控制在这个范围，几乎是不可能的，最简单的方法就是用反光板对暗部进行补光，通过这种反射光减弱人物面部的明暗反差。

由于硬光的特性，会造成明暗反差过大，所以常常会给人以粗糙的感觉。正是这样的特性才会令被摄者呈现出一种非常强势的姿态，值得注意的是直接照射的闪光灯往往会在被摄体背后留下一个夸张的黑影，使画面显得过于生硬，缺乏美感。但如果利用好黑影，则会强化某种效果。

硬光形成的投影，不但可以增强画面的纵深透视感，而且亮部、暗部和投影的变化形成的节奏感，还可以增强画面的感染力。所以说硬光源适合表现人物的个性、特定主题以及营造画面的气氛。

阳光照射在人物脸上所产生的阴影可以突出人物面部细节，这种细节会减少运用硬光时造成的糟糕画面效果，另类的效果将得到呈现和保留。
光圈：2.8 快门速度：1/200s
曝光补偿：0EV 感光度：100 焦距：140mm

硬光使被摄者的投影出现在蓝色的墙壁上，这样的效果不仅让画面更有立体感而且也增强了画面的形式美。
光圈：11 快门速度：1/125s
曝光补偿：0EV 感光度：100 焦距：85mm

在傍晚拍摄人物，利用闪光灯，光线明朗犀利，使得人物突出，而大光圈的使用，也会使得阴影的细节得到突出。
光圈：3.5 快门速度：1/80s
曝光补偿：0.EV 感光度：100 焦距：35mm

如果注重光线比例和辅助光，那么硬光——尤其是来自多个角度的硬光会给画面带来意想不到的效果。
光圈：11 快门速度：1/125s
曝光补偿：0EV 感光度：100 焦距：35mm

柔光表现人物的温柔气质

柔光是一种不会产生明显投影的柔和的光线，也称"散射光"。柔光方向性不强，不易产生生硬的反射光和影子，柔光照射下的人物层次细腻，细节丰富。阴天是我们最常见的散射光天气，在这种天气下拍摄人物，皮肤白皙、细腻，富有质感，给人一种柔和的视觉观感，适宜于表现人物的温柔气质。

拍摄重点

镜头 标准镜头

曝光 增加半挡曝光值

用光 利用有云朵的散射日光拍摄

构图 以特写方式展现人物的俏皮感

其他 柔光的作用都是为了达到干净、通透的画面效果

柔光一直是我们拍摄人像的主要光线。柔光通常来自反射光或柔光屏，光线穿过一定的材料后，会产生和主体和谐的柔和阴影。

柔光与硬光相反，是指那些不会在人物表面产生明显明暗对比的光线形式。在拍摄女性的时候经常被使用，因为它可以突出地表现人物皮肤的质感，使其显得更白皙。

获得柔光的方法很简单，在室内影棚，使用人造光时通过柔光纸透射或是反光板来反射的光线便属于散射光线。因为光线不是直射而是从不同方向反射到被摄体的，所以阴影很淡，反差较小，影调相对比较柔和。

窗帘、白色的遮阳伞等都可以作为光线的柔化装置。柔光的光比控制应该在1：2左右。而且柔光更适合拍摄中景，以及那些比中景更小的构图，这样更能突出人物皮肤的质感。另外柔光的拍摄曝光可以增加半级到一级，这样能使人物的皮肤更加白皙、透明。

在室外拍摄，阴天或太阳被云彩遮挡时的光线也属于散射光线。这个时候云彩过厚，光线过渡扩散的缘故，色调和阴影都将显得没有变化，画面效果将显得平淡。而有淡淡的云彩遮挡太阳，直射光和散射光混合的明亮的阴天，一般被公认为最佳的"拍照天"。

很多情况下我们可以利用周围环境来进行反射布光，要考虑到主体的位置、环境、亮度等因素，最重要的是控制好反射出来的光线方向，使画面中的被摄人物在做任何动作时不会因为动作过大而产生暗淡的阴影，破坏画面亮丽通透的影调效果。
光圈：2.8 快门速度：1/320s
曝光补偿：0EV 感光度：100 焦距：24mm

柔光的拍摄曝光可以增加半级到一级，这样能使人物的皮肤更加白皙、透明。
光圈：1.8 快门速度：1/160s
曝光补偿：0EV 感光度：100 焦距：50mm

利用反光板反射的柔光令整体画面表现得干净、亮丽，较好地体现了被摄人物细腻的皮肤质感和层次。
光圈：2.8 快门速度：1/480s
曝光补偿：0EV 感光度：100 焦距：70mm

影室灯具布光常常被视为很复杂的问题，解决起来需要有专门知识和丰富的经验。实际上，如果你遵循一些"规律"的话，布光技巧还是容易掌握的。我们知道，影室灯的光照效果都是模仿室外太阳光的照射效果的，我们只要抓住太阳永远只有一个的特点，那么室内灯的光效则必定有一个灯作为主灯，而其他不论多少灯都是作为辅助灯存在，这样我们就可以很好地控制室内的灯光效果了。

拍摄重点

镜头 标准镜头

曝光 正常曝光

用光 室内影室灯布光

构图 低角度仰拍

其他 影室灯布光灵活多变，易于控制在此以三盏影室灯布光方案展示影室灯布光规律。

1. V字形布光：所谓V字形布光，就是三盏灯在照相机的左右各一盏，照相机的下方一盏，三盏灯形成V字形的光位。V字形布光适合表现脸形较瘦、面部立体感较强的被摄者，而不适合表现脸形较胖的被摄者。底灯的运用有利于消除被摄者的眼袋和笑沟，使被摄者显得年轻。

2. 主光＋辅光＋轮廓光布光法：这种方案是人像摄影中较传统的一种布光方法，它以表现主体人物为主，对背景和环境都只是用主辅光的余光加以表现。在这种布光方案中，主光一般都处在前侧光至侧逆光（如45°前侧光，90°侧光，120°侧逆光）之间作一系列变化。经典的用法应该是根据被摄者的具体情况和画面影调表现的需要来调整其光质的软硬。主光的光位是根据被摄者的表现需要、画面艺术气氛塑造的要求以及画面影调表现等因素来灵活决定，并没有一定之规。主光的强度一般在画面中相对来说是较强的，实际应该定多少是根据画面的实用曝光量。辅光在这种布光方案中主要的作用是表现暗部层次，控制画面反差。辅光的光位一般与相机等高，辅光的光质应该是柔性光，辅光的强度要根据画面影调、被摄者形体表现的需要等因素来决定。

3. 主光＋辅光＋背景光布光法：这种布光法是一种较经典的布光方案，其主要特点是不仅能充分地表现被摄者，而且通过背景光的变化可以有效控制背景调子，烘托主体和画面艺术气氛。这应该是人像摄影师需要认真研究的一种布光方案。主光和背景光在光位、光质等方面的变化会使这类布光方案内容非常丰富。在这种布光方案中，主光是前侧光，被摄者的面部一部分受光，受光面的大小对被摄者的形体影响较大，不管主光处在哪个光位，主光的高度都是影响被摄者胖瘦的主要因素，灯位高则被摄者显瘦，灯位低被摄者显胖。这时的背景光打中间，被摄者的轮廓形态得到平均地表现，被摄者形象突出。

影室灯一般都是加柔光箱的柔性光，灯的光心在摄影中指向被摄者的面部，影室灯的强度是相同的，并且色温也要一致。
光圈：11 快门速度：1/125s
曝光补偿：0.EV 感光度：100 焦距：70mm

使用影室灯，摄影者可以完全由自己来控制光线，安排强光和阴影的位置以创造出精美的照片。
光圈：13 快门速度：1/125s
曝光补偿：0EV 感光度：100 焦距：35mm

巧用反光板为人物补光

　　反光板在外景中起着辅助照明作用，虽然反光板本身不能作为光源，但是它能够有效地利用光线，将光线进行反射或折射，从而为拍摄体补充所需的光线。在一般的情况下，反光板都作为辅助光使用，当然也不排除个别情况下做主光用。另外，不同的反光表面，可产生软硬不同的光线。

拍摄重点

镜头 中焦镜头

曝光 增加一挡曝光值

用光 以自然光为主光源，用反光板为人物面部补光

构图 竖画幅近景人像

其他 在拍摄时也可以利用反光板塑造人物的眼神光

反光板作为拍摄中的辅助设备，它的常见程度不亚于闪光灯。用好反光板，可以让平淡的画面变得更加饱满、体现出良好的影像光感、质感。同时，利用它可适当改变画面中的光线，对于简洁画面，突出主体也有很好的作用。

常见的反光板是金银双面可折叠的反光板，携带方便。同时，这种反光板的反光材料的反光率比较高，光线强度大，光质适中，适用于多种主体摄影。

在反光板的使用中，比较关键的几个要素是：角度、高低、强度、尺寸、类型、面积、数量。

一般来说，拍女性人像的布光，应该适当地使用小光比，尽可能地使用柔和的光影来表现女性柔美的一面。反光板的配置要根据现场的主光位置来适当地布置。一般的情况，主光与反光板配置在拍摄轴线（相机与被摄者之间的连线）两侧是常用的手法。但是也有例外，比如主光为从画面的左侧照射过来的侧逆又偏逆的光位，但是画面里的背景是左暗右亮的时候，反光板可配置在轴线的左侧。

这张片子的光线明显偏硬。同时由于反光板的位置过于偏，在鼻子右侧造成了很重的阴影，使人物脸部的线条变得生硬。加上反光板打得过强，更使人物变得魅力全无。
光圈：2.8 快门速度：1/125s
曝光补偿：-0.7EV 感光度：100 焦距：24mm

图为反光板使用范例。
光圈：8 快门速度：1/200s
曝光补偿：0EV 感光度：100 焦距：24mm

拍摄时，采用反光板补光后，人物面部会变亮，并且不会带有阴影，最重要的是人物的眼睛里面会出现反光板反射的眼神光，这样会使人物更加漂亮。
光圈：2.8 快门速度：1/160s
曝光补偿：-0.7EV 感光度：100 焦距：35mm

闪光灯拍摄现场光逆光效果

⚠ 闪光灯逆光补光效果

　　摄影是用光的艺术，对于人像拍摄而言，最传统的莫过于顺光和侧光，而逆光会使被摄者脸部曝光不足，如果脸部曝光准确，背景将过曝。但是随着人们审美观点的逐步改变，利用逆光拍摄人像，从正面用闪光灯作为补光的摄影方式也成为非常受欢迎的一种拍摄方式。

 拍摄重点

镜头 标准镜头

曝光 正常曝光

用光 利用闪光灯对人物面部进行补光

构图 对角线构图展现人物优美曲线

其他 任何镜头都可以拍摄逆光人像，无论什么焦距、多大光圈

　　室外的逆光人像并非那么深奥，一道阳光从背后头顶斜上方直射下来，相当于室内的造型光，打亮人物的肩膀和发丝，而如果此时我们有闪光灯或者反光板之类从被摄者的前方45°打在人物身上，那么就是最基本人像拍摄时的双灯组合！不同的是一般前面补光光源不可能强过阳光，因此会营造出与室内用光不同的氛围，在色调表现方面，阳光有自己独特的味道，特别当阳光打在发丝上时，那种金黄色的味道是室内很难营造的。

　　正午并不太适合人像拍摄，除非你有指数足够大的闪光灯除外！

　　逆光人像拍摄最佳时间一般为下午4点以后，其实这也是拍摄人像的最佳时间，此时阳光逐渐变暖，如果顺光拍摄，需要特别注意白平衡的设置。

　　对于逆光人像的拍摄，白平衡要求并不那么严格，那种金黄色的味道反而会增加梦幻的现场感！当然逆光人像还有很多特殊的拍摄方法，拍摄出正午的剪影和黄昏日落时特有的景象！

逆光拍摄会使人物的脸部曝光不足，需要闪光灯进行补光才能得到明亮的照片。
光圈：2.8　快门速度：1/120s
曝光补偿：0EV　感光度：100　焦距：45mm

逆光将美女的头发勾勒出一条金黄色的轮廓，为了让美女脸部也变得清晰，可使用闪光灯进行补光。
光圈：2.8　快门速度：1/200s
曝光补偿：0EV　感光度：100　焦距：60mm

　　闪光灯的位置，是补光区域及出力的关键，没有补到的区域，会有自然的暗部产生。可以依此原理，让影像形成一个周边的暗角区域(亮点不一定在画面中心，是在主体的位置上)。

表现人物动人神情

　　面部表情是人像摄影的点睛之笔，是深化主题、突出人物性格的关键。相同的人物，表情不同，所表达出来的画面含义也各不相同，或一颦一笑，或一个眼神，都可以表现出迥异的画面视觉感。

 拍摄重点

镜头 广角镜头

曝光 正常曝光

用光 以自然光拍摄

构图 对角线构图

其他 人物的优美姿势和脸部表情体现出了女性身体的曲线感

拍好人物照片的关键是抓好人物的神态和动作，要"形神兼备"。有"形"无"神"缺乏灵魂、毫无生气；有"神"无"形"则难以区别人与人的身份特征及人物的外表状态。

在正常情况下，人物内心情感会自然流露。人物五官，尤其是眼睛的微妙变化，最能体现人物的"神韵"。人物脸部的变化也是异常丰富的，而且，人物流露的表情往往也能表现人物的多种的、复杂的、矛盾的心理状态，体现人物内心世界的丰富情感。

人物性格属于外向型的比较容易引起人们的注意，吸引人们的视觉，因而容易捕捉。然而，如果抓好内向型人物神情的细微变化，照片可能会更加扣人心弦、耐人寻味。内向型性格人物神态的变化虽然往往是含蓄的、不易使人察觉的，但往往又是深刻的、丰富的，更能体现和揭示人物心灵的内涵。

抓拍是捕捉人物动人神情的最好办法，拍摄者应提前确定曝光、构图，设置快门速度，为随时按下快门，捕捉精彩瞬间做好准备。

摄影师可以与被摄者聊天互动，营造放松的气氛，鼓励被摄者在镜头前充分地表现自己，令抓拍的内容更加丰富。

采用主拍与摆拍相结合的方式拍摄，将人物以大特写方式拍摄出来，突出了人物快乐的情绪感，拍摄时要注意设置高速快门抓拍人物的表情，使画面效果更加自然。

光圈：8 快门速度：1/200s
曝光补偿：+0EV 感光度：100 焦距：200mm

图中摄影师与人物互动得非常好，摄影师善意的提醒被摄人物空中有动物飞过，人物自然地抬起头向天空望去，当她发现这只是一个玩笑时，自己就会自然地偷笑起来。还等什么呢，此时就是摄影师抢按快门的时候了。

光圈：2.8 快门速度：1/200s
曝光补偿：0EV 感光度：100 焦距：135mm

这是一幅摄影师引导模特儿表现文艺气息的照片，画面当中的人物纠结的神情，令人过目不忘，倍加怜惜。

光圈：1.4 快门速度：1/200s
曝光补偿：0EV 感光度：100 焦距：50mm

将人物与环境相融合

不同的环境可以衬托出不同的人物特色，在户外拍摄环境人物照时，一定要注意抓住人物的个人特点以及衣着装饰，并与其所处的环境自然融合成一体，这样才会拍到一张优秀的人像摄影照片。

 拍摄重点

镜头 广角镜头

曝光 正常曝光

用光 自然光

构图 对角线构图

其他 人物所表现出的姿态和脸部表情使她融入了大自然

如何将主角与背景做完美的结合？完美的构图一定是少不了的。除了拥有视觉中心点外，也会以这中心点为起始点，拉出一条（或者一长块）视觉延伸线。

这就是当你去看这张照片时，从中心点顺着阅读照片的方向移动视线。视觉中心点可以让画面的前后左右延伸。例如郊外树林中的树枝，你在第一时间看见树枝后，接下来的阅读方向就会自然地被它们所牵引。而这个视线的尽头就是你要拍摄的人物了。为了完成好的构图，除了视觉中心点外，也要安排恰当的视觉延伸线，来引导整个主题。

拍照时要注意周围环境和景物比例，主题物如果被同样色彩的景物所包围，很容易就变成一张没有重点的照片。

人物斜靠在墙角，拱起的腿部与背景中的木质窗框形成了鲜明的对比，这样的姿态给人一种无助的颓废感，画面新颖，令人难以忘怀。
光圈：8 快门速度：1/160s
曝光补偿：0EV 感光度：100 焦距：29mm

利用前景与后景的融合，突出人物的美丽瞬间。
光圈：2.8 快门速度：1/250s
曝光补偿：0EV 感光度：100 焦距：135mm

人物的动作姿态要与其所处的环境融合起来，才会令人物在画面中不至于太过呆板。
光圈：2.8 快门速度：1/125s
曝光补偿：0EV 感光度：100 焦距：70mm

运用小景深凸显人物

　　由于自然界的景物丰富繁杂，在拍摄时常常无法避开一些杂乱的景物，如果让这些景物与主体一样清晰突出，势必会干扰主体。这时学会利用小景深突出主体和相关景物，并虚化一些景物，你的照片就会富有个性。

 拍摄重点

镜头 标准镜头

曝光 正常曝光

用光 自然光加反光板

构图 对角线构图

由于光圈的大小直接影响着景深，因此在平常的拍摄中此模式使用最为广泛。在拍摄人像时，我们一般采用大光圈长焦距而达到虚化背景获取较浅景深的作用，这样可以突出主体。同时较大的光圈，也能得到较快的快门值，从而提高手持拍摄的稳定。

获得小景深的主要方法是开大光圈，并要仔细对焦突出的主体，让其他无关紧要或是杂乱的物体变得模糊而不可辨认，只作为一种抽象的形式空间来陪衬主体。

有时，杂乱的远景在虚化之后会形成某种质感效果，使画面变得更耐人咀嚼。也可以将焦点对在中景的主体上，让前景和背景同时模糊，形成对主体的一种明确的视线引导作用。

获得小景深的第三种方法是让前景虚化，它会使人产生一种身临其境的感觉。现代摄影家很讲究前景的虚化作用，它所形成的心理效应是突出了摄影时回眸一瞥的真实性和偶然性，使人们相信摄影者是从现场的真实情景中抓拍的，而不是有意的摆布。

通过模糊、朦胧、虚幻的前景来烘托或反衬清晰的主体，不仅会使画面显得简洁、明快、干净，而且小景深中局部的虚，还可以给观赏者以丰富的想象余地，使画面更加含蓄，从而魅力无穷。

在拍人像的时候，我们希望得到焦点突出，而忽略背景的效果，就可以采用大光圈形成小景深，这样拍出来的照片就焦点突出，而背景被虚化。
光圈：2.5 快门速度：1/500s
曝光补偿：0EV 感光度：100 焦距：200mm

运用小景深拍摄沉思中的人物，人物背后的景物呈现虚幻的状态，直扣画面主题。
光圈：2.8 快门速度：1/480s
曝光补偿：0EV 感光度：100 焦距：135mm

想拍小景深的画面时，尽量用大光圈并靠近被摄物体是比较好的选择。
光圈：2.8 快门速度：1/160s
曝光补偿：0EV 感光度：100 焦距：70mm

俯视下有趣形象

！俯视拍摄

俯视拍摄就是从上向下进行拍摄。在高处作俯视的拍摄可以将大范围的景物都拍下来，所以广角镜头在风景摄影中会经常应用到。在人像摄影中使用俯视拍摄方法，可以为主角带来一种纤秀的视觉效果。在俯视拍摄时，人物身体的比例会有一定的变形，但更容易突出人物的五官特色。

 拍摄重点

镜头 广角镜头

曝光 曝光补偿减0.3EV

用光 自然光线中，树荫下的散射光

构图 高角度俯拍

其他 在过于强烈的直射光下，最好选择有阴影的地方进行拍摄

俯视构图是从人物上方较高的位置进行拍摄，画面中靠近镜头的头部会显得相对较大，人物面部面积减小，脸形更加标准。俯视构图会使人物显得较矮，所以更多用于拍摄特写、半身姿等人物局部的照片，可展现人物的亲和力、柔美、安静等感觉。能够得到优雅和淡定的自然感。

我们也可以利用广角镜头的畸变原理采用俯视角度拍摄人像，以这种方式拍摄的人物头部会变得很大，而身体和腿部却会变得很小，这就是时下比较流行的大头照了。这种拍摄角度主要表现人的渺小、无助、需要被同情的独特含义。

要了解前后景物在照片中的关系，并适当地安排它们，以有效地表达主题，避免喧宾夺主的情况。
光圈：11 快门速度：1/200s
曝光补偿：0EV 感光度：100 焦距：24mm

利用俯视角度拍摄美女，更可以表现女孩儿的娇小可爱之态。
光圈：11 快门速度：1/125s
曝光补偿：0EV 感光度：100 焦距：24mm

在拍摄室外人像时，如果背景过于杂乱，可以适当地使用高角度俯拍，以地面为背景，简洁明了。
光圈：2.8 快门速度：1/320s
曝光补偿：0EV 感光度：100 焦距：50mm

仰视展现人物修长躯干

　　仰拍时，照相机的位置低于被摄者。在这个高度，被摄体处于相机的上方，透视变化上与俯拍相反，被摄体的高度比实际感觉的要高，易让人产生雄伟、高大的感觉。另外仰视拍摄还可以展现人物修长的躯干，拍摄女性时，可以使得人物看上去更高挑诱人。

 拍摄重点

镜头 定焦镜头

曝光 以人物面部亮度曝光

用光 侧逆光照射加反光板为人物补光

构图 低角度仰拍

其他 拍摄时人物下巴要适当地收拢一些

照相机如果从较低的位置向上仰拍，能使被摄者的形象显得雄伟；如果仰拍被摄者的头像，会使下巴及腮部显得较大、较宽，人物显得较胖，额头变窄、变小。

在通常情况下拍摄人像的时候，照相机的位置不可过高或过低，因为当照相机镜头从较高或较低的角度拍摄时，镜头所产生的透视变形现象比我们人从低处仰望所产生的效果要强烈得多。

在个别情况下，也可以利用拍摄高度的变化修正被摄者的形象。例如，脸形瘦长的人，可以利用稍仰的拍摄角度使他显得略胖一点。采用仰拍，地平线压得很低，天空会占据画面的部分，可以将主体背后杂乱的背景遮挡或舍弃，从而使画面简洁，主体更加突出、显眼。

用低角度以仰拍方式来拍摄一个人物，会觉得人物更为高挑修长，原本矮小的人物看起来也变得挺拔许多。用仰拍视觉冲击效果很强，可以表现出向上的精神，在拍摄人物采用仰角时，能表达作者的思想情感，透射出对主体对象的仰慕之情。

这样的拍摄方式配合天空等意境高远的环境展现人物的期待、憧憬等感觉，同时也增添了画面的大气之感。
光圈：13 快门速度：1/200s
曝光补偿：0EV 感光度：100 焦距：24mm

仰角拍摄需要将镜头仰斜向上，如果被拍主体不很高大，为取得较低视点，往往采取下蹲甚至趴躺姿势持机倾仰拍摄。
光圈：5.6 快门速度：1/100s
曝光补偿：0EV 感光度：100 焦距：28mm

图中的相机高度位于人物腿部附近，配合使用短焦距使人物身体显得更加挺拔。夸张的视觉效果展现出人物时尚、个性张扬的感觉。
光圈：3.5 快门速度：1/160s
曝光补偿：0EV 感光度：100 焦距：50mm

抓拍儿童的可爱神态

　　儿童是摄影师们感兴趣的拍摄主体。把孩子成长过程中每一个阶段的变化，包括天真活泼的神态及饶有情趣的活动永久地记录下来，随着时间的推移，这些照片将会变得非常宝贵。

拍摄重点

镜头 长焦镜头

曝光 正常曝光

用光 自然光

构图 采用全身姿构图法表现儿童的俏皮

其他 拍摄儿童时动作一定要快

孩子们充满好奇心，一刻也不肯安静，大多数的孩子都不能听从摄影者的指挥。他们不能按照拍摄要求固定在一定的位置上，或者摆出一定的姿势。正因如此，孩子的表情、姿态是真挚的，没有或少有虚假成分。所以，摄影者要善于抓取儿童的自然神态，抓取他们既活泼又丰富的表情，既滑稽又顽皮的举动。拍摄时，要使儿童处于自然活动状态下，不加干涉，伺机抓取。

儿童的活动性强，所以拍摄时，要使用较高的快门速度，以免影像模糊。摄影者要善于抓取最能体现儿童活动特点的瞬间。拍摄时，可以利用一些玩具或小道具，使孩子的活动限于一定范围。孩子在从事他所喜爱的活动时，他的表情或动作经常在变化，应预先做好准备。

拍摄时用光比较小。室内拍摄时不要使用顺光。因为光线迎面照射时，眼睛会眯成一条缝，这样也会让儿童的眼睛受到光的伤害，而柔和的散光适于刻画细部和皮肤的质感，是儿童室内摄影的主要布光方式。

要注意表现孩子的眼神光，因为有了它，眼睛会显得明亮，孩子的形象会显得精神，有活力。只要在正面用灯光照射或有反射光时，这些光线反射到瞳孔上，就会形成亮斑。有两个光源时，要注意调配主光与辅光的位置，不要出现两个眼神光。室外拍摄时背景要简洁。背景凌乱，而又无处躲避时，可选用大光圈，使背景模糊。

上图拍摄于室内的影棚，拍摄时提高感光度以提高快门速度，并采用散射光布光方法，使画面形成轻盈的影调，更符合儿童天真无邪的感觉。
光圈：11 快门速度：1/125s
曝光补偿：0EV 感光度：100 焦距：50mm

理想的儿童照片来自与孩子一起游戏以及在游戏中与孩子的交流。
光圈：11 快门速度：1/320s
曝光补偿：0EV 感光度：100 焦距：50mm

在这个有阳光照射的冬天里，孩子站在大红灯笼前，为我们展现着温暖又可爱的笑容。
光圈：4 快门速度：1/250s
曝光补偿：0EV 感光度：100 焦距：70mm

孩子骑着自行车在公园里玩耍，他会露出自然又纯真的笑容，这就是摄影师按下快门的最佳时机。
光圈：2.8 快门速度：1/300s
曝光补偿：0EV 感光度：100 焦距：55mm

跟拍玩耍中的宝贝

❗ 快乐的笑脸

儿童的天性就是天真和快乐，充满着人类最原始和纯真的情感与行为，跟拍儿童不仅能留下他们成长的记忆，还能让成人重温许多儿时的快乐。在跟拍过程中，摄影师要尽量不影响孩子的玩耍兴致，最好能让你所拍摄的孩子熟悉你并接纳你，这样他们才对你没有排斥感，拍摄出来的画面也会更真实自然。

 拍摄重点

镜头 长焦镜头

曝光 正常曝光

用光 阴天时候的自然光

构图 以中心构图形式拍摄儿童灿烂的笑容

其他 利用跟踪拍摄的方法能够随时捕捉儿童的精彩瞬间

给小朋友拍照片，如果掌握不了要领就真的变成一件很麻烦的事情。因为爱玩是小朋友的天性，他不会乖乖地等着你拍，他总是不停地动来动去，你手持相机很难拍出清晰的照片，就更别说拍出人见人爱的宝宝天真可爱的照片了。

但办法总是有的，如果注意几个要点，还是可以拍出小朋友精彩的照片的。第一个就是不要让宝宝知道你在拍他，更不能叫他看镜头。绝大多数家长总是举着相机，叫宝宝看镜头，笑一笑。宝宝被弄得不知所措，结果拍出来的宝宝都是一脸苦笑，没有一点平常天真可爱的表情。

第二点就是要适当地引导，应该把他喜欢的玩具给宝宝玩，或者跟他一起玩，然后伺机跟拍儿童可爱的瞬间。因为这时宝宝的表情才是最天真、最无邪、最生动、最可爱的。这也就是拍照的最佳时机，一定要尽量多拍，狂按快门才有可能抓住一个精彩的瞬间。

与宝贝玩捉迷藏的游戏，将儿童最可爱的瞬间定格在相机中。
光圈：2.8 快门速度：1/640s
曝光补偿：0EV 感光度：100 焦距：70mm

采用趣味中心点构图，令宝宝的照片更加漂亮。
光圈：2.8 快门速度：1/480s
曝光补偿：0EV 感光度：100 焦距：120mm

给宝宝一个玩具相机，让他跟着摄影师互相拍照，这样的画面一定会很有意思的。
光圈：2.8 快门速度：1/640s
曝光补偿：0EV 感光度：100 焦距：105mm

第 **9** 章

再现静物之美

在静物摄影中我们能自由自在地控制光线，也能够完全掌握被摄体在画面当中的位置。所以静物拍摄不像其他摄影题材那样具有针对性。以下我们从几个方面谈一下静物拍摄问题。

柔光展现物体细腻质感

　　质感的表现是静物摄影的主要方面，要将其表现出来，除了借助某些道具外，关键还在于怎样利用柔光来表现物体的细腻质感。柔光下，物体的外在形态被完全展现出来，如果选用逆光的柔光形式，半透明物体将呈现出细腻柔和的透明质感，给人一种高品质的视觉观感。

 拍摄重点

镜头 中焦镜头

曝光 增加一挡曝光值

用光 影室灯

构图 纵向构图突出静物外观状态

其他 拍摄玻璃制品时易采用柔光彰显其透明质感

对于表面比较粗糙的木和石，拍摄时用光角度宜低，多采用侧逆光；而瓷器宜以正侧光为主，柔光和折射光同时应用，在瓶口转角处保留高光，在有花纹的地方应尽量降低反光；对于皮革制品通常用逆光、柔光，通过皮革本身的反光体现质感。

对于反光强，明暗反差大的金属作品，应以柔光和折射光为主，提高反差。

拍摄时要注意物体的立体感，一般多采用侧光，最好能分出顶面、侧面和正面的不同亮度，还要从明暗不同的影调和背景的衬托中表现出物体的空间深度。测光时光比不要太大，一般背景的色调与主体和谐为好。也可用鲜明的对比，最好用画幅大一点的相机与大一点的底片。这样放大后工艺品的质感、细部层次、影纹色调都较好。

玻璃器皿较特别，表面光滑，易反光，在拍摄时可将灯光照射在反光面上，再反射到玻璃器皿上，也可以背景柔和的反射光作为唯一光源。表现玻璃器皿的轮廓线条和透明质感。为防止相机的影子反映在玻璃器皿上，可用一块50厘米见方的黑布中间开出镜头的孔洞放在相机前。拍摄厨窗里的玻璃器皿时，应从室内向室外拍，利用从室外射入的逆光，表现玻璃器皿的透明质感。

静物摄影常从道具、色彩的选择，灯光的布置去表现不同的画面情绪。这样的布置犹如柔和的乐曲中插入一句悦耳的高音，特别提神，静物摄影中常采用这种手法来表现主体。
光圈：5.6 快门速度：1/125s
曝光补偿：0EV 感光度：100 焦距：135mm

间接地表达创作意念，让观者根据自己的经验去丰富原作的内容。使用朦胧的柔光，将反差控制在一定范围内，营造被摄主体的气氛。
光圈：11 快门速度：1/125s
曝光补偿：0EV 感光度：100 焦距：100mm

以巧妙的布局，利用柔光拍摄静物的姿态。
光圈：11 快门速度：1/125s
曝光补偿：0EV 感光度：100 焦距：70mm

散点式构图拍摄物品

　　散点式构图把物体布满整个画面，不刻意去突出某件物体，完全是自由松散的构图结构。它通过疏密或色调去组织画面，将无序的画面置于有序之中。散点式构图讲究的是一种重复和堆积的力量，看似杂乱，实则有序。并且有效地利用画面的排列优势达到想要表达的主题思想。

 拍摄重点

镜头 标准镜头

曝光 正常曝光

用光 影室灯

构图 散点式构图

其他 散点式构图适合拍摄形状相同并数量繁多的静物

对无生命的静物拍摄，可以有时间选择合适的被摄体，寻找理想的背景，用闪光灯巧妙地布光，以及进行细微的构图调整。

拍摄静物时，应寻找某个能把画面内容统一起来的要素，这可以是质感、功能、色彩、形状等。同时，恰当的背景和照明也非常重要。散点式构图是拍摄糕点类照片时比较常用的手法之一。在拍摄的时候，可根据糕点的形状或花色，来为画面设置布局。使用散点式构图的时候可以充分利用单个糕点的元素重复构成一些特殊性质视觉元素，并通过有规律的排列优势，来达到突出画面主题的目的。

散点式构图看似随意，其实在拍摄中也是有一定要求的。首先，摄影者要尽量站在高于被摄

拍摄巧克力要表现出巧克力的立体感，因此，布光时要采用略有逆光感的顶光作为基本的照明方式，而构图就可用散点式构图突出巧克力入口后的丝滑般感受。

光圈：5.6 快门速度：1/125s
曝光补偿：0EV 感光度：100 焦距：100mm

体的地方，然后再去安排被摄体在画面当中的位置。找对不合适的位置要快速进行适当调整，尽量使每个元素在画面中不重叠，安排好后再利用构图法则去控制画面的景深，以达到突出被摄主体的目的。

对于质地粗糙的食物如蛋糕，光线应该是柔和而有方向性，所以柔光罩和蜂窝罩使用得较多。
光圈：5.6 快门速度：1/125s
曝光补偿：0EV 感光度：100 焦距：70mm

使水果显得更加新鲜

　　要突出水果的新鲜、可口、卫生、漂亮，让人感觉到垂涎三尺，食欲大动。在拍摄新鲜可口的水果时，我们往往是需要用一些不为人知的小技巧来达到新鲜可口的目的。一般的做法都是在水果上涂上一层甘油，从而使得水果更容易挂上水珠，同时也可以使得水果看上去更有光泽感。如果是切开的水果，拍摄速度一定要快，因为这些切开的水果很容易在空气中发生变质。

 拍摄重点

镜头 标准镜头

曝光 正常曝光

用光 自然光

构图 清晨，从侧面进行拍摄构图

其他 利用窗口的自然光拍摄水果的诱人感

拍摄水果时的光线应该是柔和而有方向性，所以应该使用柔光罩和蜂窝罩。对于蔬菜和水果，由于形状上的不规则而容易产生投影，以使用散射光较为常见。平均的光线只能使水果颜色深重，缺乏美感，所以布光时要平中出奇。应格外关注主体上的照明，光线要透，略微硬性一些。为了加强水珠的质感，布光时一般从右上方进行侧光照明，因为侧光照明可以突出其质感。主光在右边，左边还要放一块反光板，稍稍减弱一下影子。如果把主光装在正上方，直接冲下，这样也可以达到同样的效果。

我们可以在水果的表面涂上甘油，涂有甘油的水果表面就会出现自然的色光反映，这会令水果看起来更加新鲜。也可以在切开的水果表面喷洒一些水珠。在这里需要提醒几点：使用喷雾装置时，一定要留心周围的闪光灯，再开始喷水，等准备好拍照时再打开灯。另外在喷水时，把其他地方都盖起来，因为如果盘和背景都喷上水，则整个影像效果就被破坏了，而且也不要在水果上涂油过多，只需薄薄地涂上一层油，否则水果表面就会发出一种不自然的亮光，在摸相机之前，必须把两手上的甘油洗掉，以免污染机身。

如果拍摄具有一定透光性的食物如蔬菜、水果时，光线的强度和柔度应该巧妙结合，适当地运用轮廓光表现被摄物的诱人之处是非常关键的。
光圈：11 快门速度：1/125s
曝光补偿：0EV 感光度：100 焦距：50mm

45°视角拍摄水果比较普遍，但是对一般的食品我们也经常会运用到，这就需要我们合理地搭配素材，合理运用道具来避免平淡。
光圈：11 快门速度：1/125s
曝光补偿：0EV 感光度：100 焦距：100mm

拍摄水果时表现诱人感最重要，我们要寻找水果中最关键的局部，而让观者去联想、去感觉。
光圈：11 快门速度：1/125s
曝光补偿：0EV 感光度：100 焦距：100mm

拍摄水果大多追求色彩的正常还原，一般不采用暖色或冷色照明的方式。
光圈：13 快门速度：1/125s
曝光补偿：0EV 感光度：100 焦距：120mm

第 **10** 章

捕捉富有生命力的动、植物

生活当中有很多美好的东西值得我们拿起手中的相机去记录下来，这节我们就来拍摄一些可爱的小动物，以及那些令我们赏心悦目的、感动我们的美丽的植物。

蓝天下的油菜花田

　　在油菜花盛开的季节，于花海中漫步是一件很惬意的事情，拿起相机，将这美丽的画面定格在我们的画面中。金黄色的花穗，小巧而细致，单个的油菜花并不怎么漂亮，但当成千上万株油菜花组成花海时，我们不能不感叹重复的力量。美丽的花田，与田埂上的绿色植物相间，产生一种层次上的美感。在拍摄时，我们可以借助不同的元素来衬托美丽的油菜花，如远处的山脉，田埂边的树木，远处的小桥。

 拍摄重点

镜头 长焦镜头

曝光 正常曝光

用光 自然光

构图 纵向构图展现油菜花田的大美之感

其他 要掌握油菜花开的时节，以便于安排拍摄行程

拍摄蓝天下的油菜花田时，应该注意以下几点：

拍摄油菜花时对图像清晰度比较讲究，否则很难体现其细节，因此拍摄时宜尽可能选择低感光度，这样才便于将油菜花细节表现得更为细腻。

拍摄时的曝光要结合现场与油菜花相关的山水建筑以及树林等自然人文风光一起考虑，根据综合需要或表现的主体做曝光补偿。如画面中有较多远山等高亮度对象时，需增加曝光量，如画面中有深色调树林等则要减少曝光量。

油菜花与当地地貌结合后特别具有地方韵味
光圈：11 快门速度：1/125s 曝光补偿：0EV
感光度：100 焦距：35mm

拍摄油菜花的构图比较灵活，如能针对其特色处理效果更好。其花朵繁密，形体细小，一般拍摄大场景时，遵循"远景取势"处理。远景或大场景中难以体现细节，要以色块安排为重，利用好大面积的黄色块再配合建筑、树木等表现大环境之美。而中景比较适合体现线条和层次感，摄影者目前大都普及了数码单反，图像分辨率大为提高，中景以选择疏密有致的对象，表现花朵的细节和层次，处理得适当，能成为不错的田园小品。

从高角度拍摄油菜花，可看到更丰富的内容和层次。拍摄时利用这些内容，有助于增强画面内涵，并使其产生天高云淡的辽阔感。
光圈：16 快门速度：1/100s 曝光补偿：0EV
感光度：100 焦距：24mm

要强调油菜花颜色，使黄色的饱和度得到最佳展现，可用顺光。顺光状态下不但花朵颜色好，天空色彩也特别蓝，补色形成的视觉效果很强烈。侧光较适合表现油菜花的立体层次感。如拍摄大面积场景，欲展现山坡等不同位置油菜花的层次变化和立体感等，应采用侧光。侧光不但便于表现油菜花，对展现远山、建筑的立体感也较有利。逆光较适合拍摄特写或中景等，曝光准确时油菜花和叶片的质感能得到较好展现，若是在漫射光下拍摄，最好选择比较简洁的背景做反衬，不然细小的花朵容易湮没于背景之中。

还要注意的是一般到某地拍油菜花，不是单纯拍摄那些黄色的花朵，主要是为了表现该地区的地域风光，因此摄影者应该到具有鲜明地方特点的油菜花田当中拍摄。

绿色和黄色的油菜花结合后色彩鲜艳、明亮，整个画面洋溢着春天生机勃勃的气息。
光圈：16 快门速度：1/125s 曝光补偿：0EV
感光度：100 焦距：70mm

使用微距拍摄花卉细节

　　花卉可以说是摄影中永恒的主题。花卉的拍摄方法是相当值得爱好摄影的朋友们认真研究的。拍摄花卉需要准备的必要装备是微距镜头和三脚架，这两样摄影器材能帮助我们拍摄到直观、清晰的花卉图片。另外，拍摄花卉，背景一定要干净明了，这样才能更好地突出花卉本身。

拍摄重点

镜头 微距镜头

曝光 增加一挡曝光值

用光 自然光

构图 框架式构图展现即将绽放的花朵

其他 以强烈的颜色反差增加画面的视觉凝聚力

对于爱好花卉摄影的朋友来说，只要对周围的花草进行认真细致的观察，就会发现拍之不完、摄之不尽的题材。拍摄花卉，要通过用光、构图、色调对比、景深控制等手段把最引人入胜的地方突出出来。

最起码的要求就是要把最精彩的部分拍清晰。这时，往往要使用微距镜头，微距镜头可以使拍摄体和花的影像以 1：1 的比率复制出来。微距镜头带给我们的是更丰富的细节和更强烈的质感，普通视觉所不可及的微观世界，在微距镜头前将一览无遗。微距镜头通常景深范围极小，这是光学设计的结果，所以焦点选择和聚焦的精准程度相当重要。在使用微距镜头时，必须使用三脚架拍摄。当你用心拍摄一朵花时，任何轻微的抖动都会毁了照片。

一般来说，在自然光线条件下，散射光和逆光容易拍出好的效果。散射光柔和细致、反差小，能把花卉的纹理和质感表现出来；逆光能勾画出轮廓，使质地薄的花卉透亮动人，而且可以隐藏杂乱的背景。

在拍摄花卉的构图中，如何把干扰的景物去掉，以简洁画面突出主题是令人最头痛的问题。主要方法是利用景深把杂乱的物体虚化掉。在拍摄花卉的构图中，几何形状也是构图的重要元素。大多数花朵都是对称的，有的是双边对称，你能看到左右相同的两半，有的则呈放射状对称，任何穿过中心点的切线都能把它分成一样的两半，比如雏菊。叶子的脉络构成的几何形状更为丰富，从简单的平行线条（如百合的叶子）到复杂的网眼（如天竺葵的叶子）数不胜数。

优秀的花卉图片，都会有和谐的色调。每种花卉都有自己的色彩特点，要根据不同的主题以及光线条件和背景来确定有用的色调。大红大绿，虽然刺眼，但处理得好，也会将画面变得艳丽悦目；轻描淡写时虽然平淡，如若运用得当，也会将画面变得淡雅高洁。

鲜花完全是静态的，只靠花朵的色彩和形状我们很难得到最佳的效果，这时构图是至关重要的。利用枝条和叶子放置成斜线，以此来营造画面的动感。
光圈：16 快门速度：1/200s 曝光补偿：+0.7EV
感光度：100 焦距：20mm

微距镜头有非常浅的景深，当拍摄一朵花时，前面的花瓣非常清晰，而后面的背景自然模糊。
光圈：1.4 快门速度：1/800s 曝光补偿：0EV
感光度：100 焦距：50mm

在散射光的条件下拍摄花卉，应该细致地把握光线的角度，顺光和侧光的效果大不一样，要细心观察，认真运用。

光圈：2.8 快门速度：1/640s 曝光补偿：0EV
感光度：100 焦距：100mm

长焦拍摄野生动物

！ 漂亮的野生动物

在野外拍摄野生动物时，需要选择带有长焦镜头的数码相机，一般的镜头，到了野生动物园就会感到镜头"够不着"。因此建议最好用数码单反相机配长变焦镜头拍摄。

 拍摄重点

镜头 长焦镜头

曝光 降低一挡曝光值

用光 利用落日的余晖拍摄丹顶鹤的动态瞬间

构图 纵向构图展现丹顶鹤的飞跃瞬间

其他 长焦镜头适合在野外拍摄

灵动的奔跑能反映出动物们的自然野性和活力，安静小憩时的动物也有威严的一面，拍摄野生动物时，最重要的是把镜头的整个焦点都对准你要拍摄的动物的眼睛，因为没有什么比这个更能突出重点了。

拍摄野生动物非常重要的一点是进行连拍，之后从拍摄的众多样片中找到最好的一张。现在很多中端数码单反相机的连拍速度已经达到5张／秒，这样的速度已经足够。特别要注意的是在拍摄过程中的对焦问题，拍摄静止的动物时可以采用单次对焦，而拍摄运动的动物时一定要使用连续对焦（一般在相机内部设置成为AF-C），这样相机可以根据运动物体的距离随时对焦。在挑选样片的时候，尽量选择有动感的画面，这样显得画面更有活力。

其次，拍摄野生动物的时候，我们要尽量靠近它们，当然安全条件也许不允许我们这么随意地拍摄，这个时候长焦距镜头就会变得非常有用了。基本上使用70～300mm的镜头，会比光圈更大的70～200mm镜头更适合拍摄野生动物，因为70～300mm镜头的体积更小，重量更轻，焦距更远，在光线充足的情况下也能保证优秀的画面效果。在拍摄野生动物时，镜头的焦距越长越好，这样才能更好地拍摄动物。

对于拍摄正在运动中的动物，我们的拍摄动作也会受到一些影响，这个时候可以使用最大光圈，并适当增加ISO，并增加快门速度，便可迅速捕捉动物运动中的画面。另外有些高端长焦镜头拥有特殊防抖单元，可有效防止拍摄者的抖动，特殊防抖镜头上有相对应的开关。另外，使用数码相机的最大像素，对于一些抖动不太严重，但是效果很好的照片可以进行保留，后期减小分辨率，一样可以输出清晰的照片。

最后，说到构图，如果拍摄运动中的野生动物，构图不要太紧凑了，因为画面会给人一种视觉上动物无处可去的感觉，比较好的构图应该是在主体动物的画面里，多给主体留一点空间，如果你想拍一张让人感觉舒服的照片，在取景框里构图时，就注意到这一点，你的照片就会拍得更加理想。

松鼠的行动灵活，警觉性也很高，利用超远距离镜头拍摄能够捕捉到特殊的画面。
光圈：3.5 快门速度：1/250s 曝光补偿：+0.7EV
感光度：200 焦距：200mm

在岸边拍摄站在船桨上的鱼鹰。
光圈：2.8 快门速度：1/640s 曝光补偿：0EV
感光度：200 焦距：300

端坐在树上的猴子，因为是在树下拍摄的，距离的拉近使得画面背景有很大的虚化，达到了主体突出的目的。
光圈：2.8 快门速度：1/250s 曝光补偿：0EV
感光度：100 焦距：320

P模式抓拍猫咪活泼动态

❗ 可爱的猫咪

　　其实P挡与自动挡区别不大，常用它来拍比自动挡auto要好一些，P挡可以手动调整ISO、白平衡、色彩模式等功能，但光圈和快门是程序自动由测光结果产生的。对于猫咪这种比较敏感且好动的小动物来说，P挡的自动对焦曝光有利于我们集中精力去捕捉猫咪活泼可爱的瞬间。

 拍摄重点

镜头 长焦镜头

曝光 增加一挡曝光

用光 室内日光灯

构图 纵向构图展现猫咪的威武感

其他 猫咪的好奇心很强，利用这点拍摄会比较顺利

全自动挡的含义是自动曝光，这样极大地方便了用户，尤其是从没有接触过相机的用户也可以很轻易地使用自动挡来拍摄出曝光基本合理的照片来，而P挡则叫做程序自动曝光，和全自动的区别在于：全自动状态下光圈和快门都不能手动干预，在P挡状态下如果你更改光圈或者快门中的一项，则另外一项会由相机自动变更以保证曝光的准确。

我们使用P挡来拍摄可爱的猫咪照片，比如数码相机的测光值是F2.8 1/60s，如果我们手动将光圈调整至F4，那么相机则会自动将快门调整至1/30s以保证曝光量不变，同样地，如果将快门调整至1/30s，那么光圈则会由机身自动调整至F4来保证曝光量不变，这个过程叫做程序自动曝光偏移，那么，这个功能有什么用处呢？我们常常会因为猫咪爱动的本性而捕捉不到可爱的猫咪照片，根据这个特点来决定拍摄猫咪时的光圈和快门速度就可以取得期望的照片效果，拍摄猫咪这类快速移动的目标时，需要较高的快门速度来凝固瞬间，自动曝光偏移就可以让用户根据自己的需要来决定光圈和快门组合，同时又维持曝光量不变，这对于需要快速反应的拍摄来说是非常方便的。

其实P挡与自动挡区别不大，常用它来拍比自动挡auto要好一些，因为它可以手动调整ISO、白平衡、色彩模式等功能，但光圈和快门是程序自动由测光结果产生的。

当P挡半按快门不放时进行自动测光得出光圈与快门值，LCD屏上出现此时的光圈与快门的值如：-> 1/125 -> F4.0，这就是自动测光的结果，以此搭配，我们将功能转盘，转到M挡，这时看到屏幕上有快门与光圈值的调整，我们按set键选择其一，用方向键左右/上下将快门速度调到1/125s再按set键，箭头指在光圈值上，将F值调到F4.0。（以上按键各相机有不同，不过大同小异）

这时M挡的"曝光值"就和刚才P挡操作时相同了，拍出的照片也是同样效果。（光线充足时与AUTO挡相似）

猫咪的侧面很漂亮，特别是当光线照射到它们胡须的时候，利用P挡模式抓拍这个美好的瞬间。
光圈：3.5 快门速度：1/250s 曝光补偿：+0.7EV
感光度：100 焦距：50mm

利用现场光表现猫咪好奇的瞬间。
光圈：2.8 快门速度：1/320s 曝光补偿：+0.7EV
感光度：400 焦距：70mm

掌握猫咪慵懒的时候，利用正常的拍摄数据拍摄这一时刻。
光圈：1.8 快门速度：1/320s 曝光补偿：+0.7EV
感光度：200 焦距：50mm

短焦夸张表现狗狗形态

　　现在很多人把宠物当作自己的家庭成员，像对孩子一样呵护备至，我们可以自己用相机，留下宠物在生活中的温情瞬间。狗狗身形一般比较长，最突出的部位就是它的头部，而且狗狗的面部表情比较丰富，所以在给狗狗拍摄时，我们可以选用短焦距来刻画狗狗的形态，同时短焦镜头也可以增大夸张力度，给我们带来无穷乐趣。

拍摄重点

镜头 广角镜头

曝光 正常曝光

用光 自然光

构图 大特写展现狗狗的趣味性

其他 拍摄时需注意保护相机不被狗狗的舌头舔到

我们先来谈谈拍摄狗狗时适宜采取的拍照姿势。出于动物的天性，狗狗会对比自己体形大的动物感到畏惧，时刻采取提防姿态，进而出现紧张躲闪，拍出的照片也不会自然。最佳姿势应该采取与动物平视的蹲姿，狗狗不会有压迫感，水平视角拍出的照片也易被人接受。当然，蹲姿也只适用于一般性的宠物肖像。

有些朋友认为，拍摄狗狗通常需要较高的快门速度，因为活泼好动的狗狗很难用1/125s以下的快门清晰定格。其实让狗狗安静下来的方法很简单，让它尽情地撒欢和奔跑，不一会儿他便会找个地方坐着喘粗气了。待狗狗安静下来，拍照的大好时机就到了，此时它只会吐着舌头大口喘气了，叫它的名字，它也只会转头看看你，再也没了刚才的生龙活虎。

狗狗也有很多表情的，它会哭会笑，和人一样。不熟悉狗狗的人可能会说：有表情吗？同品种的狗长得都差不多，哪有表情啊。狗的面部肌肉比人少了很多，自然表情也就没人那么丰富。就算狗狗再悲伤，也只是默默流泪，就算狗狗再欢喜，嘴角也不会上扬，因为它们很少用面部表情表达情感，而更多的是使用肢体语言。但是，我们可以使用一些技巧，拍出狗狗的一些表情，这样的照片看上去也会更加富有趣味性。

我们使用广角镜头，从俯视的角度近距离拍摄狗狗的头部，镜头的变形效果改变了狗狗面部的比例，使得看上去狗狗确实在大笑。狗狗就像是小孩子，对周围的一切都充满了好奇，遇到什么新鲜的东西都会凑上前去闻一闻，镜头也不例外。我们使用了广角镜头近距离拍摄了狗狗的鼻子，狗狗表现得很放松。

我们把相机离狗狗尽可能的近，狗狗的鼻子就凑了过来，这时需要注意至少不要让湿漉漉的鼻子碰到镜头。

在室内拍摄狗狗的大头照片，也会将狗狗周围的家具变得有趣起来。
光圈：4 快门速度：1/250s 曝光补偿：0EV
感光度：100 焦距：11mm

狗狗还有一个有趣的表情，就是当你发出一些特殊的声音时，狗狗会把头倒向一侧，并做思考状，是一种傻得可爱的表情。
光圈：4.5 快门速度：1/250s 曝光补偿：+0.3EV
感光度：100 焦距：24mm

可以在狗狗跳动的瞬间拍摄有趣的画面
光圈：2.8 快门速度：1/400s 曝光补偿：0EV
感光度：100 焦距：24mm

第 **11** 章

合理的后期修饰

本章以图像处理软件Photoshop为基础，为广大摄影爱好者介绍了一些数码照片后期修饰的技巧。本章的图例旨在讲解一些由于拍摄前期或是因天气原因导致的照片色彩偏差现象的后期修正，以及制造画面特殊效果的修饰例子。

恢复原本色彩

一幅图像或许有占据大比例的颜色，但绝不是只由哪几种颜色构成的。当增加或减少某一种颜色的比例时，这种变化不仅对被调整的颜色起作用，还会影响其他的颜色。有些图像原色比重较大，这种图像受到的影响更大。这就表示，要想同时调整两种以上的颜色，可以只调整其中一种颜色。

本章的图例由蔚蓝的天空和黄色的向日葵构成。蓝色和黄色都是原色。当给天空增加了蓝色后，天空会变得更加明朗，而向日葵也会显示更亮的黄色。由于黄色是红色和绿色的混合色，不少人认为在黄色上再添加蓝色后会变得更浑浊。混合红色和绿色以及蓝色时，蓝色的比例越大，颜色越接近白色，因此黄色上添加少许蓝色后，维持黄色色相的同时增加了亮度。

总之混合红色、绿色及蓝色时，若在其中任何两种颜色的混合色上添加另一种颜色，那后添加的颜色比重越大，混合后的颜色越接近白色。只要掌握了这一原理，就一定能准确地调整出图像的颜色。

下面我们就用Photoshop图像修饰照片偏色的现象。

1. 利用多种途径达到修正照片颜色的目的。

2. 从黄色减低黑色，表现纯正的黄色，从而塑造明亮的向日葵。

Raw 格式可以轻松调整白平衡，JPEG格式图像文件却没有这个优点。对于Raw格式文件，白平衡是RGB通道之间的平衡，当调整了白平衡后，会在该参数上乘以合适的值，利用RGB的相对比例设置白平衡。在这里关键的原理就是包含了乘法。假设某个图像蓝色多红色少，当你利用【色调】功能增加了红色和紫色的混合色"洋红色"之后，显著增加的却是蓝色。那为什么会出现这种现象呢？简单地说，假设红色通道比例为1，蓝色通道比例为10，当你调整【色调】后，为了增加洋红色，乘以"2"结果红色变成了"2"，蓝色却变成了"20"。红色通道由1变成2，蓝色通道则由10变成20，这时虽然目的在于增加洋红色，实际增加的却是蓝色。

因此，【白平衡】的【色调】虽然是用来调整绿色和洋红色的平衡，但有时候可以用来调整绿色和蓝色的平衡，或者调整绿色和红色的平衡，掌握了这个原理，相信不难理解增加洋红色即增加了蓝色的道理。本例将调整"白平衡"，先通过提高"色温"增加蓝色，这就能塑造蔚蓝的天空，然后通过提高"色调"增加洋红色，这实际上就是增加了蓝色，蓝色的天空将显得更加明亮。

单击【调整】选项卡，在【白平衡】的选项区中，将色温由【5350】调整为【4000】，由于实际提高了色温，为整个图像增加了【蓝色】。接着，将色调由【+8】提纵横为【+25】，由于增加了【洋红色】，实际增加了【蓝色】，因此整个天空显得更加明亮。（本例为RAW格式颜色修改方案）

　　单击图像选项卡，单击【模式】－【曲线】选区，依据画面颜色，适当调整RGB颜色。（本例为JPEG文件修改颜色方案）

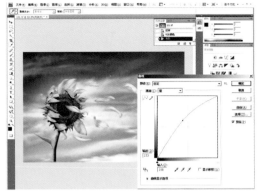

　　曲线是反映图像的亮度值的。一个像素有着确定的亮度值，你可以改变它，使它变亮或变暗。看看这两张图，下面的水平灰度条代表了原图的色调，垂直的灰度条代表了调整后的图像色调。在未做任何改变时，输入和输出的色调值是相等的，是以曲线为45°的直线，这就是曲线没有转变的原因。当你对曲线上任一点做出改动，也改变了图像上相对应的亮度像素。点击确立一个调节点，这个点可被拖移到网格内的任何位置，是亮是暗全看你是向上还是向下进行调整。

最终修饰图

　　向日葵的象征性颜色是黄色，这个黄色也可以成为原色，它的特点是纯而浓，这种黄色若混入黑色，那会形成浊黄色。本节就从向日葵的黄色中减少黑色，使这个黄色更接近原色，从而塑造纯黄色的向日葵颜色。

　　选择【图像】-【调整】-【可选颜色】菜单，弹出【可选颜色】对话框，将颜色选择【黄色】，接着将【黑色】设定为【-15】，从向日葵的【黄色】减少【黑色】，使黄色更接近原色，这就表现了更纯的向日葵颜色。

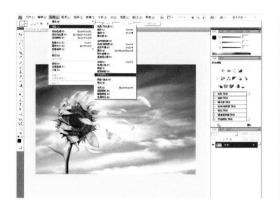 

最终修饰图

制作镜头光晕效果

本例中的原始图片色调暗淡偏冷，虽是晴天但光线感不强，通过调整增强色彩，应用滤镜中的镜头光晕命令给照片做光照效果，使得最终色彩饱和，画面洋溢在一种暖色调中。

01：打开素材照片

执行文件【打开】命令，在弹出的【打开】对话框中，选择所要的素材照片，如下图所示。

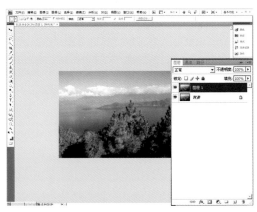

02：设置为自动色阶

按键盘【Ctrl+J】 组合键复制背景图层得到【图层一】，执行【图像】【调整】【自动色阶】命令，效果分别如下所示。

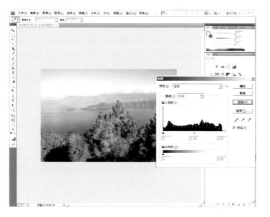

03：调整色阶

单击图层面板底部的【创建新的填充或调整图层】按钮，在弹出的菜单中选择【色阶】命令，在弹出的【色阶】对话框中进行设置，设置完成后单击【确定】按钮，如下图所示。

04：调整曲线

单击图层面板底部的【创建新的填充或调整图层】按钮，在弹出的菜单中选择【曲线】命令，在弹出的【曲线】对话框中逐步调整各个通道，如下图所示。

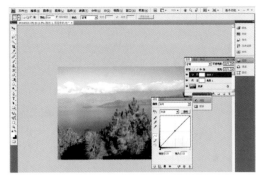

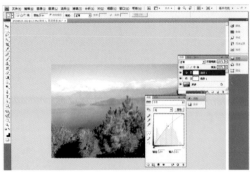

05：确定设置

设置完成后单击【确定】按钮，丰富照片的颜色，效果如下图所示。

06：设置通道混合器：

单击图层面板底部的【创建新的填充或调整图层】按钮，在弹出的菜单中选择【通道混合器】命令，设置其对话框中各个通道，如下图所示。

07：降低照片中的红色调

设置完成后单击【确定】按钮，降低照片中的红色调，效果如下图所示。

08：调整色彩平衡

单击图层面板底部的【创建新的填充或调整图层】按钮，在弹出的菜单中选择【色彩平衡】命令，在弹出的【色彩平衡】对话框中进行设置，设置完成后单击【确定】按钮，如下图所示。

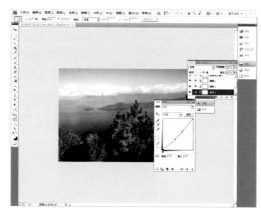

09：调整云彩色调

单击图层面板底部的【创建新的填充或调整图层】按钮，在弹出的菜单中选择【曲线】命令，在弹出的【曲线】对话框中进行设置，设置完成后单击【确定】按钮，如下图所示。

10：调整镜头光晕

执行【盖印】操作，得到【图层2】，先将其转换为【智能滤镜图层】，然后执行【滤镜】、【渲染】、【镜头光晕】命令，在打开的【镜头光晕】对话框中进行设置，设置完成后单击【确定】按钮，最终的效果如下图所示。

最终效果图